PEIWANG BUTINGDIAN ZUOYE
JINENG PEIXUN JIAOCAI

配网不停电作业
技能培训教材

李　敏　邓镓卓　主　编
白吉昌　袁　龙　文宗烽　副主编

U0168859

中国电力出版社
CHINA ELECTRIC POWER PRESS

内 容 提 要

本书依据 Q/GDW 10520—2016《10kV 配网不停电作业规范》等标准，结合国网四川省电力公司南充供电公司配电网工程典型设计和配网不停电作业技术推广的典型经验编写而成。

全书共 5 章，主要内容包括配电网工程典型设计优化、配网不停电作业技术推广、带电作业（不停电）操作技能、旁路作业（转供电）操作技能、临时取电（保供电）操作技能。内容涵盖采用带电作业、旁路作业和临时供电作业对配电网设备进行检修的作业项目。书中所能体现的操作技能点并非作业全过程、全流程，重点是操作环节中的关键技能以及安全风险管控方面的安全点，重在操作方法的推广和应用，并通过对典型实例技能点的描述以达到融会贯通的目的。

本书可供配网不停电作业人员在实际工作中学习使用，也可作为配网不停电作业人员技能操作培训用书，还可供从事配电带电作业的相关人员学习参考。

图书在版编目（CIP）数据

配网不停电作业技能培训教材 / 李敏，邓镓卓主编. —北京：中国电力出版社，2021.6
（2023.2 重印）
　ISBN 978-7-5198-5622-9

　Ⅰ. ①配… 　Ⅱ. ①李…②邓… 　Ⅲ. ①配电线路–带电作业–技术培训–教材
Ⅳ. ①TM726

中国版本图书馆 CIP 数据核字（2021）第 085155 号

出版发行：中国电力出版社
地　　址：北京市东城区北京站西街 19 号（邮政编码 100005）
网　　址：http://www.cepp.sgcc.com.cn
责任编辑：周秋慧（010-63412627） 杨芸杉
责任校对：黄　蓓　王海南
装帧设计：郝晓燕
责任印制：石　雷

印　　刷：廊坊市文峰档案印务有限公司
版　　次：2021 年 6 月第一版
印　　次：2023 年 2 月北京第三次印刷
开　　本：710 毫米×1000 毫米　16 开本
印　　张：10.25
字　　数：155 千字
印　　数：1501—2000 册
定　　价：58.00 元

编 委 会

前　言

中国带电作业经历了一个漫长的探索和转变过程。对 10kV 配网带电作业来说，作业方式经历了从地电位作业法、中间电位作业法、等电位作业法到绝缘杆作业法、绝缘手套作业法、综合不停电作业法的转变；作业对象经历了从配电网架空线路带电作业到电缆线路不停电作业，以及综合利用带电作业、旁路作业和临时供电作业对配电网架空线路和电缆线路全面实施用户不停电作业的转变；作业理念经历了从"能停不带"到"能带不停"，以不中断用户供电为目的，取消配电网计划停电，实现用户完全不停电，推进配电网检修作业方式跨越式发展的转变。配电网检修作业方式由单一的带电作业向包括采用带电作业、旁路作业和临时供电作业等多种方式的转变，符合当今社会发展和经济建设以及智能化配电网发展的需要，全面实现取消计划停电目标，加快推进配电网运维检修模式转变，大力发展和全面推广不停电作业已势在必行。

本书依据 Q/GDW 10520—2016《10kV 配网不停电作业规范》等标准，结合国网四川省电力公司南充供电公司配电网工程典型设计和配网不停电作业技术推广的典型经验编写而成。

全书共 5 章，主要内容包括配电网工程典型设计优化、配网不停电作业技术推广、带电作业（不停电）操作技能、旁路作业（转供电）操作技能、临时取电（保供电）操作技能。内容涵盖采用带电作业、旁路作业和临时供电作业对配电网设备进行检修的作业项目。书中所能体现的操作技能点并非作业全过程、全流程，重点是操作环节中的关键技能以及安全风险管控方面的安全点，重在操作方法的推广和应用，并通过对典型实例技能点的描述以达到融会贯通的目的。

本书由国网四川省电力公司南充供电公司组织编写，国网四川省电力公司南充供电公司李敏、邓镓卓任主编，国网四川省电力公司南充供电公司白吉昌、袁龙、四川智库慧通电力科技有限公司文宗烽任副主编。参编人员有国网河南省电力公司技能培训中心陈德俊，国网四川省电力公司南充供电公司陈伟、何炬、邹庆、费强、李文平、杨建勇、黄爽，国网河南省电力公司郑州供电公司张志锋、四川智库慧通电力科技有限公司杜柏华。全书由文宗烽和陈德俊统稿和定稿。

本书的编写工作得到了国网四川省电力公司设备部、国网四川省电力公司电力科学研究院、国网四川省电力公司技能培训中心、四川智库慧通电力科技有限公司、国网河南省电力公司技能培训中心的大力协助，在此一并表示衷心的感谢。

由于编者水平有限，书中难免存在不足之处，恳请读者提出批评指正。

编　者

2021 年 3 月

目　录

第1章

· · · · · · · · · · · ·

配电网工程典型设计优化

1.1 配电网常用的术语和定义

1.1.1 配电网的概念

配电网由架空线路、电缆、杆塔、配电变压器、隔离开关、无功补偿电容以及一些附属设施等组成。

配电网按照电压等级可分为高压配电网（35、110kV）、中压配电网（10、20kV）、低压配电网（220、380V）。

按照地域服务对象可分为城市配电网和农村配电网。

按照配电线路类型可分为架空配电网和电缆配电网。

1.1.2 配电网常用的术语和定义

依据 Q/GDW 10370《配电网技术导则》，配电网常用的术语和定义如下：

（1）配电网（distribution network），是指从电源侧（输电网、发电设施、分布式电源等）接受电能，并通过配电设施逐级或就地分配给各类用户的电力网络。

（2）开关站（switching station），一般是指由上级变电站直供、出线配置带保护功能的断路器、对功率进行再分配的配电设备及土建设施的总称，相当于变电站母线的延伸。开关站进线一般为两路电源，设母联开关。开关站内必要时可附设配电变压器。

（3）环网柜（ring main unit），是指用于 10kV 电缆线路环进环出及分接负荷的配电装置。环网柜中用于环进环出的开关一般采用负荷开关，用于分接负荷的开关采用负荷开关或断路器。环网柜按结构可分为共箱型和间隔型，一般每个间隔或每个开关称为一面环网柜。

（4）环网室（ring main unit room），是指由多面环网柜组成，用于 10kV 电缆线路环进环出及分接负荷且不含配电变压器的户内配电设备及土建设施的总称。

（5）环网箱（ring main unit cabinet），是指安装于户外、由多面环网柜组成、有外箱壳防护、用于 10kV 电缆线路环进环出及分接负荷且不含配电变压器的配电设施。

（6）配电室（distribution room），是指将 10kV 变换为 220V/380V，并分配电力的户内配电设备及土建设施的总称，配电室内一般设有 10kV 开关、配电变压器、低压开关等装置。配电室按功能可分为终端型和环网型。终端型配电室主要为低压电力用户分配电能；环网型配电室除了为低压电力用户分配电能之外，还用于 10kV 电缆线路的环进环出及分接负荷。

（7）箱式变电站（cabinet/pad-mounted distribution substation），是指安装于户外、有外箱壳防护、将 10kV 变换为 220V/380V 并分配电力的配电设施，箱式变电站内一般设有 10kV 开关、配电变压器、低压开关等装置。箱式变电站按功能可分为终端型和环网型。终端型箱式变电站主要为低压电力用户分配电能；环网型箱式变电站除了为低压用户分配电能之外，还用于 10kV 电缆线路的环进环出及分接负荷。

（8）10kV 主干线（10kV trunk line），是指由变电站或开关站馈出、承担主要电能传输与分配功能的 10kV 架空或电缆线路的主干部分，具备联络功能的线路段是主干线的一部分。主干线包括架空导线、电缆、开关等设备，设备额定容量应匹配。

（9）10kV 分支线（10kV branch line），是指由 10kV 主干线引出，除主干线以外的 10kV 线路部分。

（10）10kV 电缆线路（10kV cable line），是指主干线全部为电力电缆的 10kV 线路。

（11）10kV 架空（架空电缆混合）线路［10kV overhead（overhead and cable mixed）line］，是指主干线为架空线或混有部分电力电缆的 10kV 线路。

（12）配网不停电作业（live working for distribution network），是指以实现用户不中断供电为目的，采用带电作业、旁路作业等方式对配电网设备进行检修和施工的作业方式。

1.1.3　配电网供电可靠性目标

配电网是连接终端电力用户和大电网的桥梁，直接关系到用户的电能质量和供电可靠性，对城市用户供电可靠性的影响比较大。

配电网计划检修和配电网故障仍是"停用户电"的主要因素。

供电可靠性（service reliability of customers），是指配电网向用户持续供电的能力，是考核供电系统电能质量的重要指标。

供电可靠率（reliability rate on service in total，RS－1）是指在统计期间内，对用户有效供电小时数与统计期间小时数的比值，是计入所有对用户的停电后得出的，真实地反映了电力系统对用户的供电能力。计算公式为：RS－1＝（1－户均停电时间/统计期时间）×100%。其中，户均停电时间包括故障停电时间、预安排（计划和临时）停电时间及系统电源不足限电时间。

依据 DL/T 5729《配电网规划设计技术导则》，规定的规划目标如下：

（1）供电区域中心城市（区）A+：供电可靠率 RS－1≥99.999%，用户年平均停电时间不高于 5min，综合电压合格率≥99.99%；

（2）供电区域中心城市（区）A：供电可靠率 RS－1≥99.990%，用户年平均停电时间不高于 52min，综合电压合格率≥99.97%；

（3）供电区域城镇地区 B：供电可靠率 RS－1≥99.965%，用户年平均停电时间不高于 3h，综合电压合格率≥99.95%；

（4）供电区域城镇地区 C：供电可靠率 RS－1≥99.863%，用户年平均停电时间不高于 12h，综合电压合格率≥98.79%；

（5）供电区域乡村地区 D：供电可靠率 RS－1≥99.726%，用户年平均停电时间不高于 24h，综合电压合格率≥97.00%；

（6）供电区域乡村地区 E：供电可靠率 RS–1、用户年平均停电时间、综合电压合格率不低于向社会承诺的目标。

为实现高的供电可靠性和高的电能质量要求，必须建设一流现代化配电网作支撑。对配电网计划停电检修来说，必须严控停电计划时户数，采取"先转供，后带电，再保电"方式，化整为零、化繁为简，大力开展综合不停电作业，全面推进配电网施工检修由大规模停电作业向不停电或少停电作业模式转变。

Q/GDW 10370《配电网技术导则》5.11.1 和 5.11.2 的规定如下：

配电线路检修维护、用户接入（退出）、改造施工等工作，以不中断用户供电为目标，按照"能带电、不停电""更简单、更安全"的原则，优先考虑采取不停电作业方式。配电工程方案编制、设计、设备选型等环节，应考虑不停电作业的要求。

1.2 配电网典型接线方式

1.2.1 10kV 架空线路典型接线方式

依据 Q/GDW 10370《配电网技术导则》，10kV 架空线典型接线方式有以下三种：

1. 三分段、三联络接线方式

在周边电源点数量充足的情况下，10kV 架空线路宜环网布置开环运行，一般采用柱上负荷开关将线路多分段、适度联络，见图 1–1（典型三分段、三联络接线方式），可提高线路的负荷转移能力。当线路负荷不断增长、线路负载率达到 50% 以上时，采用此结构还可提高线路负载水平。

2. 三分段、单联络接线方式

在周边电源点数量有限且线路负载率低于 50% 的情况下，不具备多联络条件时，可采用线路末端联络接线方式，见图 1–2。

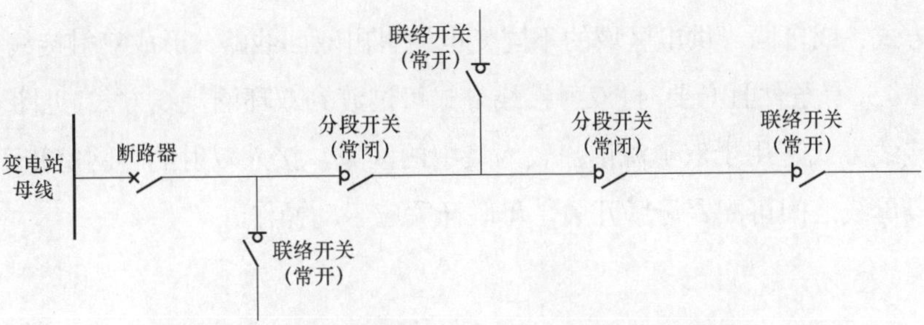

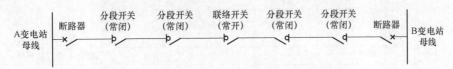

图 1-1　10kV 架空线路三分段、三联络接线方式

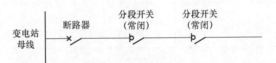

图 1-2　10kV 架空线路三分段、单联络接线方式

3. 三分段单辐射接线方式

在周边没有其他电源点且供电可靠性要求较低的地区，暂不具备与其他线路联络的条件，可采取多分段单辐射接线方式，见图 1-3。

图 1-3　10kV 架空线路三分段单辐射接线方式

1.2.2　10kV 电缆线路典型接线方式

依据 Q/GDW 10370《配电网技术导则》，10kV 电缆线路典型接线方式有以下四种。

1. 单环网接线方式

自同一供电区域两座变电站的中压母线（或一座变电站的不同中压母线）、或两座中压开关站的中压母线（或一座中压开关站的不同中压母线）馈出单回线路构成单环网，开环运行，见图 1-4。电缆单环网适用于单电源用户较为集中的区域。

2. 双射接线方式

自一座变电站（或中压开关站）的不同中压母线引出双回线路，形成双射

5

接线方式；或自同一供电区域的不同变电站引出双回线路，形成双射接线方式，见图1-5。有条件且必要时，双射接线方式可过渡到双环网接线方式，见图1-6。双射接线方式适用于双电源用户较为集中的区域，接入双射的环网室和配电室的两段母线之间可配置母联开关，母联开关应手动操作。

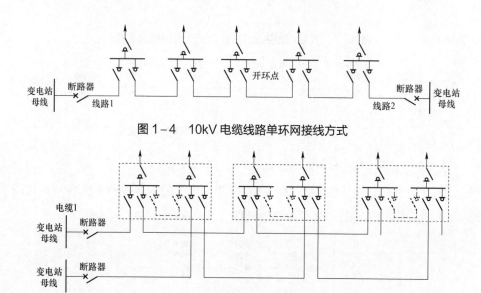

图1-4 10kV电缆线路单环网接线方式

图1-5 10kV电缆线路双射接线方式

3. 双环网接线方式

自同一供电区域的两座变电站（或两座中压开关站）的不同中压母线各引出二对（4回）线路，构成双环网的接线方式，见图1-6。双环网适用于双电源用户较为集中，且供电可靠性要求较高的区域，接入双环网的环网室和配电室的两段母线之间可配置母联开关，母联开关应手动操作。

4. 对射接线方式

自不同方向电源的两座变电站（或中压开关站）的中压母线馈出单回线路组成对射接线方式，一般由双射接线方式改造形成，见图1-7。对射接线方式适用于双电源用户较为集中的区域，接入对射的环网室和配电室的两段母线之间可配置母联开关，母联开关应手动操作。

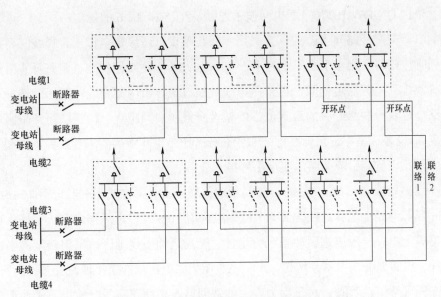

图 1-6　10kV 电缆线路双环网接线方式

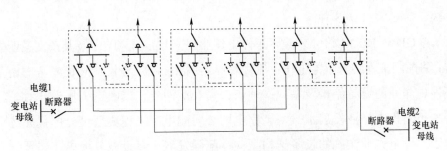

图 1-7　10kV 电缆线路对射接线方式

1.3　配电网架空线路典型设计

1.3.1　电杆和柱上设备

10kV 架空线路用电杆包括直线杆、耐张杆、终端杆、转角杆、电缆杆、分支杆、开关杆和变台杆等。

10kV 架空线路用柱上设备有配电变压器、隔离开关、柱上开关（负荷开关和断路器）、熔断器、避雷器等。

依据 Q/GDW 10370《配电网技术导则》7.1.5 和 7.1.6 的规定：

（1）架空线路建设改造，宜采用单回线架设以适应带电作业，导线三角形排列时边相与中相水平距离不宜小于 800mm；若采用双回线路，耐张杆宜采用竖直双排列；若通道受限，可采用电缆敷设方式。市区架空线路路径的选择、线路分段及母联络开关的设置、导线架设布置（线间距离、横担层距及耐张段长度）、设备选型、工艺标准等方面应充分考虑带电作业的要求和发展，以利于带电作业、负荷引流旁路，实现不停电作业。

（2）规划 A+、A、B、C、D 类供电区域 10kV 架空线路一般选用 12m 或 15m 环形混凝土电杆；E 类供电区域一般选用 10m 及以上环形混凝土电杆。环形混凝土电杆一般应选用非预应力电杆，交通运输不便地区可采用轻型高强度电杆、组装型杆或窄基铁塔等。A+、A、B 类供电区域的繁华地段受条件所限，耐张杆可选用钢管杆。对于受力较大的双回路及多回路直线杆，以及受地形条件限制无法设置拉线的转角杆可采用部分预应力混凝土电杆，其强度等级应为 O 级、T 级、U2 级 3 种。

Q/GDW 10520《10kV 配网不停电作业规范》5.4.4 和 7.1 及其条文说明规定：将配网工程纳入不停电作业流程管理，并在配网工程设计时优先考虑便于不停电作业的设备结构及型式；地市公司在配网建设或改造工程设计时，结合本市不停电作业发展水平从国家电网公司配电网工程典型设计中优先选取便于不停电作业实施的设备结构型式；配网发展、建设充分考虑在装置、布局（包括线间距离、对地距离等）上向有利于不停电作业工作方向发展。

1.3.2　10kV 架空线路典型设计介绍

1. 直线杆

（1）单回直线杆（三角排列），其杆头如图 1-8 所示。

（2）单回直线转角杆（三角排列），其杆头如图 1-9 所示。

（3）单回直线杆（三角排列、紧凑型），其杆头如图 1-10 所示。

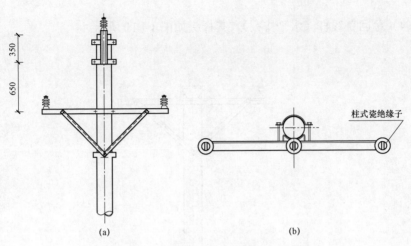

图 1-8　单回直线杆（三角排列）杆头图

（a）主视图；（b）侧视图

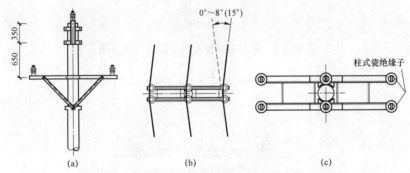

图 1-9　单回直线转角杆（三角排列）杆头图

（a）主视图；（b）俯视图 1；（c）俯视图 2

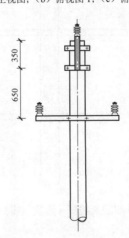

图 1-10　单回直线杆（三角排列、紧凑型）杆头图

（4）单回直线杆（水平排列），其杆头如图 1–11 所示。

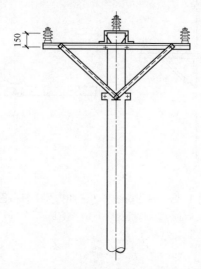

图 1–11　单回直线杆（水平排列）杆头图

（5）双回直线杆（双垂直排列），其杆头如图 1–12 所示。

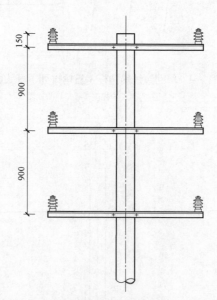

图 1–12　双回直线杆（双垂直排列）杆头图

（6）双回直线杆（双垂直排列、紧凑型），其杆头如图1-13所示。

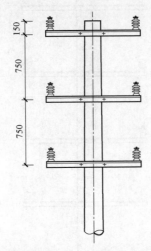

图1-13　双回直线杆（双垂直排列、紧凑型）杆头图

（7）双回直线钢管杆（双垂直排列），其杆头如图1-14所示。

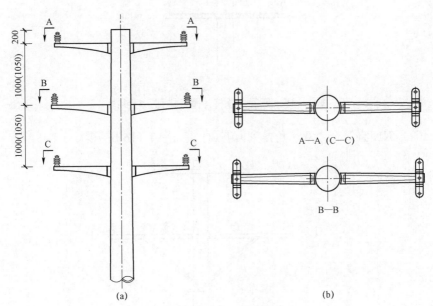

图1-14　双回直线钢管杆（双垂直排列）杆头图
(a) 主视图；(b) 俯视图

（8）四回直线杆（垂直排列），其杆头如图1-15所示。

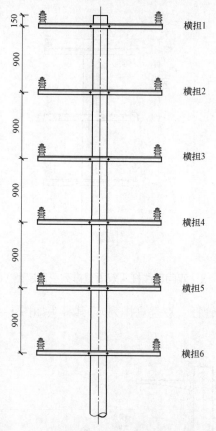

图1-15 四回直线杆（垂直排列）杆头图

（9）双回直线杆（双三角排列），其杆头如图1-16所示。

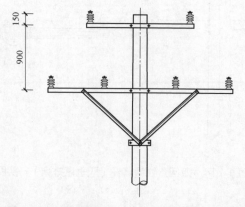

图1-16 双回直线杆（双三角排列）杆头图

（10）双回直线钢管杆（双三角排列），其杆头如图 1-17 所示。

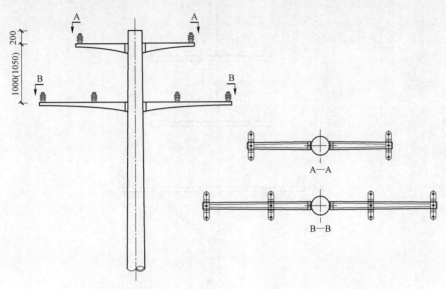

图 1-17　双回直线钢管杆（双三角排列）杆头图

（11）三回直线杆（上双三角+下水平排列），其杆头如图 1-18 所示。

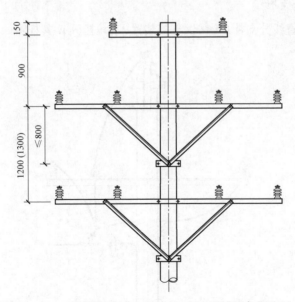

图 1-18　三回直线杆（上双三角+下水平排列）杆头图

（12）三回直线杆（上双垂直+下水平排列），其杆头如图 1-19 所示。

13

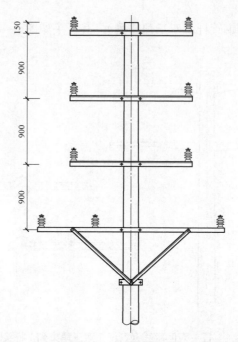

图 1-19 三回直线杆（上双垂直+下水平排列）杆头图

2. 直线分支杆

（1）单回直线分支杆（无熔丝支接装置、三角排列），其杆头如图 1-20 所示。

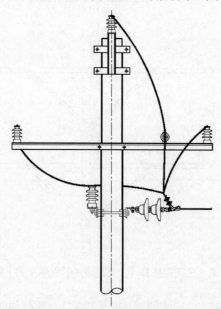

图 1-20 单回直线分支杆（无熔丝支接装置、三角排列）杆头图

（2）单回直线分支杆（无熔丝支接装置、水平排列），其杆头如图 1-21 所示。

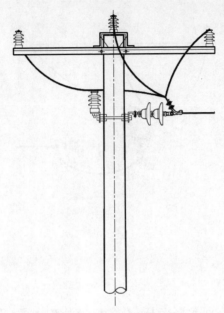

图 1-21　单回直线分支杆（无熔丝支接装置、水平排列）杆头图

（3）单回直线分支杆（有熔丝支接装置、三角排列），其杆头如图 1-22 所示。

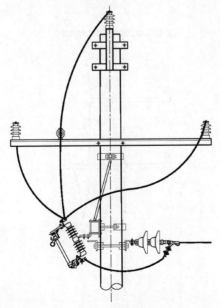

图 1-22　单回直线分支杆（有熔丝支接装置、三角排列）杆头图

（4）单回直线分支杆（有熔丝支接装置、水平排列），其杆头如图1-23所示。

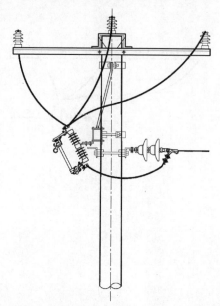

图1-23　单回直线分支杆（有熔丝支接装置、水平排列）杆头图

（5）双回直线分支杆（无熔丝支接装置、双垂直排列），其杆头如图1-24所示。

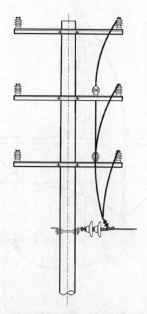

图1-24　双回直线分支杆（无熔丝支接装置、双垂直排列）杆头图

（6）双回直线分支杆（无熔丝支接装置、双三角排列），其杆头如图 1-25 所示。

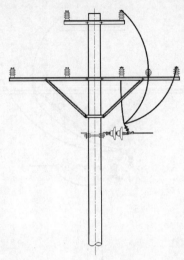

图 1-25　双回直线分支杆（无熔丝支接装置、双三角排列）杆头图

（7）双回直线分支杆（有熔丝支接装置、双垂直排列），其杆头如图 1-26 所示。

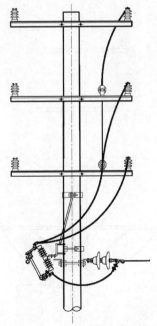

图 1-26　双回直线分支杆（有熔丝支接装置、双垂直排列）杆头图

（8）双回直线分支杆（有熔丝支接装置、双三角排列），其杆头如图 1-27 所示。

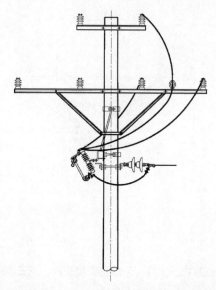

图 1-27 双回直线分支杆（有熔丝支接装置、双三角排列）杆头图

（9）三回直线分支杆（无熔丝支接装置、上双垂直+下水平排列），其杆头如图 1-28 所示。

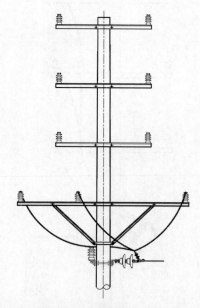

图 1-28 三回直线分支杆（无熔丝支接装置、上双垂直+下水平排列）杆头图

（10）三回直线分支杆（无熔丝支接装置、上双三角+下水平排列），其杆头如图1-29所示。

（11）三回直线分支杆（有熔丝支接装置、上双垂直+下水平排列），其杆头如图1-30所示。

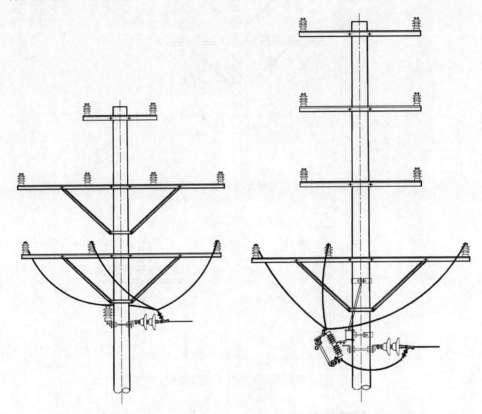

图1-29　三回直线分支杆（无熔丝支接装置、上双三角+下水平排列）杆头图　　图1-30　三回直线分支杆（有熔丝支接装置、上双垂直+下水平排列）杆头图

（12）三回直线分支杆（有熔丝支接装置、上双三角+下水平排列），其杆头如图1-31所示。

3. 耐张杆

（1）单回直线耐张杆（三角排列），其杆头如图1-32所示。

（2）单回直线耐张杆（水平排列），其杆头如图1-33所示。

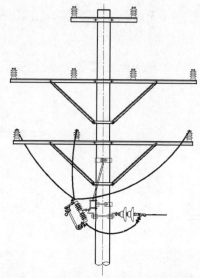

图 1-31　三回直线分支杆（有熔丝支接装置、上双三角+下水平排列）杆头图

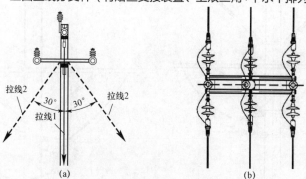

图 1-32　单回直线耐张杆（三角排列）杆头图

（a）主视图；（b）俯视图

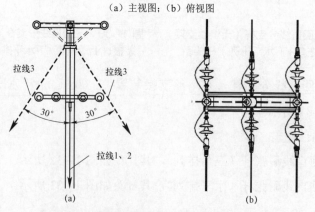

图 1-33　单回直线耐张杆（水平排列）杆头图

（a）主视图；（b）俯视图

（3）双回直线耐张杆（双垂直排列），其杆头如图1-34所示。

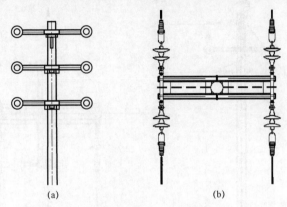

(a)   (b)

图1-34 双回直线耐张杆（双垂直排列）杆头图

（a）主视图；（b）俯视图

4. 转角杆

（1）单回耐张转角杆（0°~45°、三角排列），其杆头如图1-35所示。

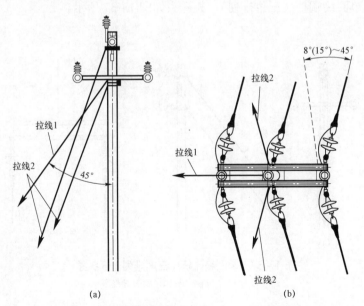

(a)   (b)

图1-35 单回耐张转角杆（0°~45°、三角排列）杆头图

（a）主视图；（b）俯视图

（2）单回耐张转角杆（45°～90°、三角排列），其杆头如图1-36所示。

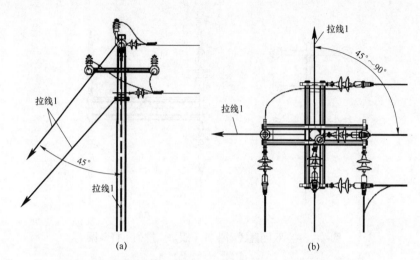

图1-36 单回耐张转角杆（45°～90°、三角排列）杆头图

（a）主视图；（b）侧视图

5. 终端杆

（1）单回终端杆（三角排列），其杆头如图1-37所示。

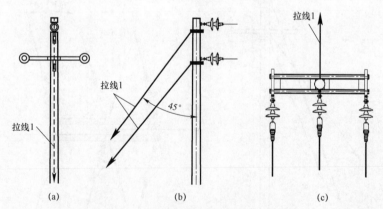

图1-37 单回终端杆（三角排列）杆头图

（a）主视图；（b）侧视图；（c）俯视图

（2）单回终端杆（水平排列），其杆头如图 1-38 所示。

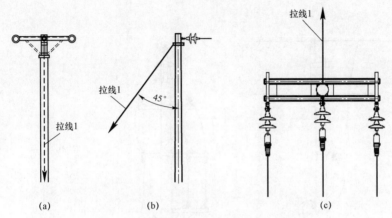

图 1-38　单回终端杆（水平排列）杆头图

（a）主视图；（b）侧视图；（c）俯视图

（3）双回终端杆（双垂直排列），其杆头如图 1-39 所示。

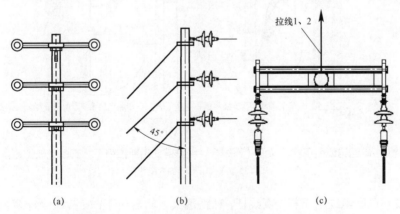

图 1-39　双回终端杆（双垂直排列）杆头图

（a）主视图；（b）侧视图；（c）俯视图

6. 电缆引下杆

（1）单回电缆引下杆（直线杆，经跌落式熔断器引下，安装支柱型避雷器），其杆头如图1-40所示。

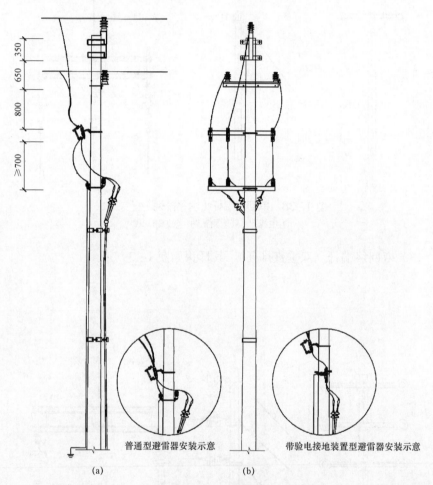

（a）　　　　　　　　　（b）

图1-40　单回电缆引下杆杆头图（直线杆，经跌落式熔断器引下，安装支柱型避雷器）
（a）主视图；（b）侧视图

（2）单回电缆引下杆（直线杆，经跌落式熔断器引下，安装氧化锌避雷器），其杆头如图1-41所示。

（3）单回双杆电缆引下杆（直线杆，经隔离开关、断路器引下），其杆头如图 1-42 所示。

（4）单回电缆引下杆（终端杆，经跌落式熔断器引下，安装支柱型避雷器），其杆头如图 1-43 所示。

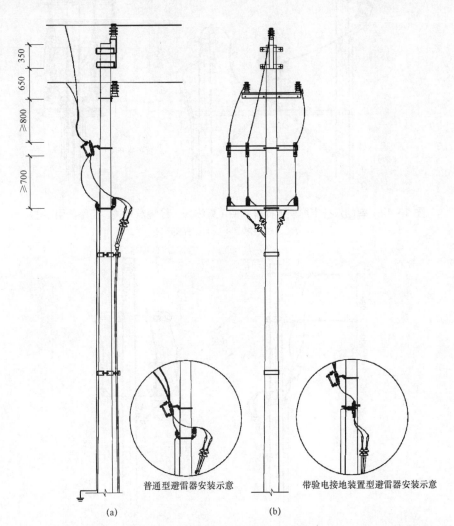

普通型避雷器安装示意　　　　带验电接地装置型避雷器安装示意

（a）　　　　　　　　　　（b）

图 1-41　单回电缆引下杆杆头图（直线杆，经跌落式熔断器引下，安装氧化锌避雷器）

（a）主视图；（b）侧视图

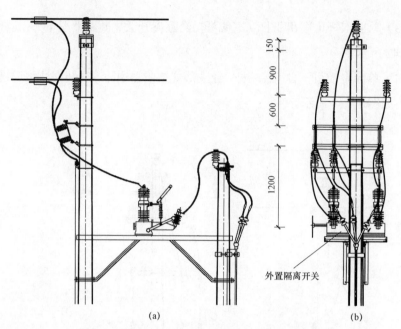

图 1-42　单回双杆电缆引下杆杆头图（直线杆，经隔离开关、断路器引下）

（a）主视图；（b）侧视图

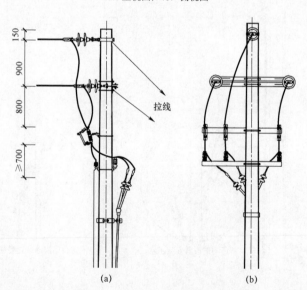

图 1-43　单回电缆引下杆杆头图（终端杆，经跌落式熔断器引下，安装支柱型避雷器）

（a）主视图；（b）侧视图

（5）单回电缆引下杆（终端杆，经跌落式熔断器引下，安装氧化锌避雷器），
其杆头如图 1-44 所示。

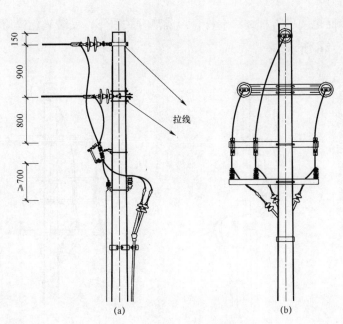

图 1-44　单回电缆引下杆杆头图（终端杆，经跌落式熔断器引下，安装氧化锌避雷器）

(a) 主视图；(b) 侧视图

（6）单回电缆引下杆（终端杆，经隔离开关引下，安装支柱型避雷器），其杆头如图 1-45 所示。

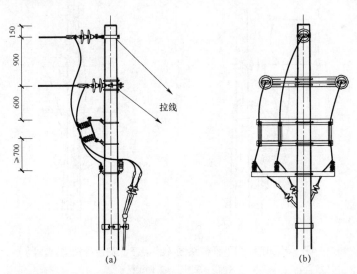

图 1-45　单回电缆引下杆杆头图（终端杆，经隔离开关引下，安装支柱型避雷器）

(a) 主视图；(b) 侧视图

（7）单回电缆引下杆（终端杆，经隔离开关引下，安装氧化锌避雷器），其杆头如图 1-46 所示。

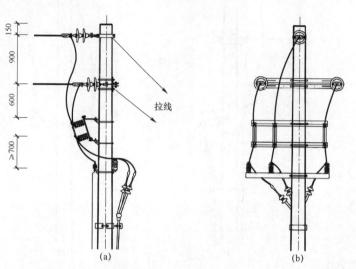

图 1-46　单回电缆引下杆杆头图（终端杆，经隔离开关引下，安装氧化锌避雷器）
（a）主视图；（b）侧视图

（8）单回电缆引下杆（终端杆，安装支柱型避雷器），其杆头如图 1-47 所示。

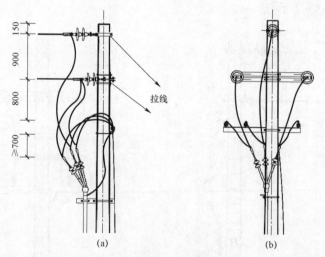

图 1-47　单回电缆引下杆杆头图（终端杆，安装支柱型避雷器）
（a）主视图；（b）侧视图

（9）单回电缆引下杆（终端杆，安装氧化锌避雷器），其杆头如图 1-48 所示。

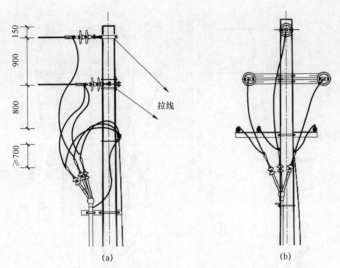

图 1-48 单回电缆引下杆杆头图（终端杆，安装氧化锌避雷器）

(a) 主视图；(b) 侧视图

（10）双回电缆引下杆（终端杆，经跌落式熔断器引下，安装氧化锌避雷器），其杆头如图 1-49 所示。

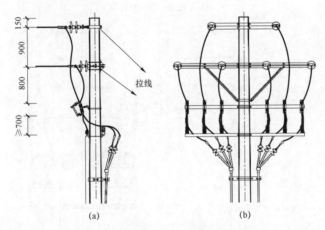

图 1-49 双回电缆引下杆杆头图（终端杆，经跌落式熔断器引下，安装氧化锌避雷器）

(a) 主视图；(b) 侧视图

（11）双回电缆引下杆（终端杆，双三角排列，经隔离开关、断路器引下），其杆头如图 1-50 所示。

（12）双回电缆引下杆（终端杆，双垂直排列，经隔离开关、断路器引下），其杆头如图 1-51 所示。

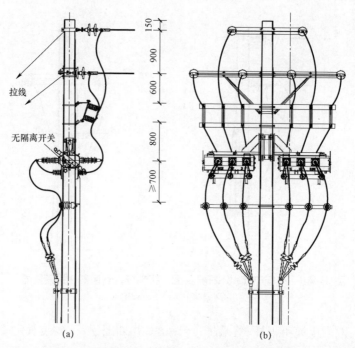

（a）　　　　　　　　　　　　（b）

图 1–50　双回电缆引下杆杆头图（终端杆，双三角排列，经隔离开关、断路器引下）

（a）主视图；（b）侧视图

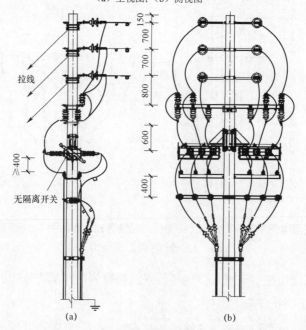

（a）　　　　　　　　　　　　（b）

图 1–51　双回电缆引下杆杆头图（终端杆，双垂直排列，经隔离开关、断路器引下）

（a）主视图；（b）侧视图

（13）双回电缆引下杆（终端杆，安装支柱型避雷器），其杆头如图 1−52 所示。

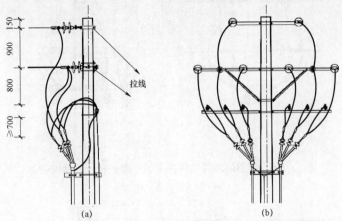

图 1−52　双回电缆引下杆杆头图（终端杆，安装支柱型避雷器）

(a) 主视图；(b) 侧视图

（14）双回电缆引下杆（终端杆，安装氧化锌避雷器），其杆头如图 1−53 所示。

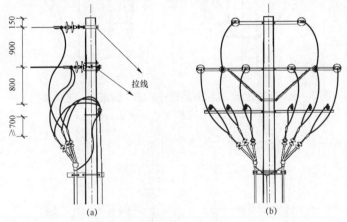

图 1−53　双回电缆引下杆杆头图（终端杆，安装氧化锌避雷器）

(a) 主视图；(b) 侧视图

7. 隔离开关和跌落式熔断器杆

（1）单回隔离开关杆（耐张杆、三角排列），其杆头如图 1−54 所示。

（2）单回跌落式熔断器杆（耐张杆、三角排列），其杆头如图 1−55 所示。

8. 柱上开关杆

（1）单回柱上断路器杆（耐张杆、三角排列、内置隔离开关），其杆头如图 1−56 所示。

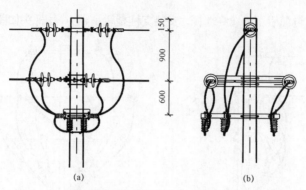

图 1-54 单回隔离开关杆杆头图（耐张杆、三角排列）

（a）主视图；（b）侧视图

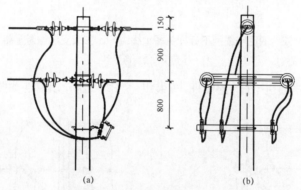

图 1-55 单回跌落式熔断器杆杆头图（耐张杆、三角排列）

（a）主视图；（b）侧视图

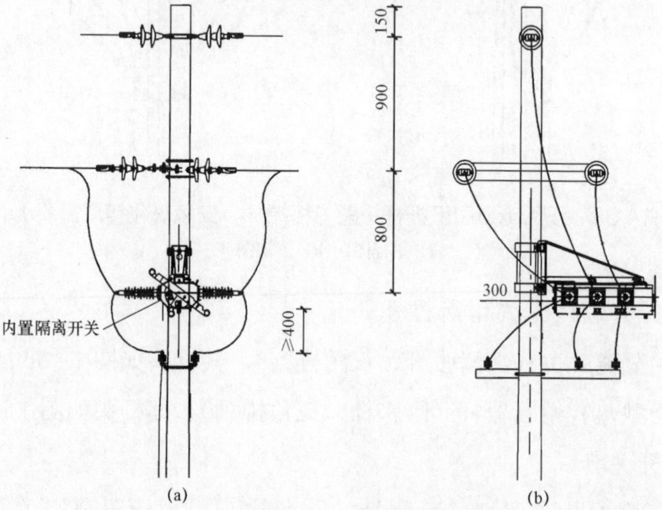

图 1-56 单回柱上断路器杆杆头图（耐张杆、三角排列、内置隔离开关）

（a）主视图；（b）侧视图

内置隔离开关

（2）单回柱上断路器杆（耐张杆、三角排列、内置隔离开关、双侧电压互感器），其杆头如图 1-57 所示。

（3）单回柱上断路器杆（耐张杆、三角排列，外加两侧隔离开关，双侧电压互感器），其杆头如图 1-58 所示。

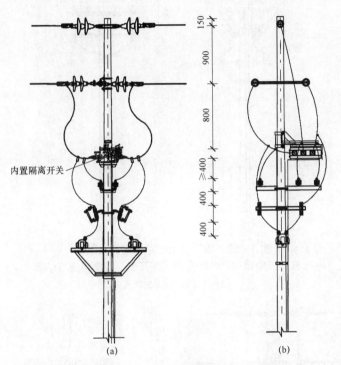

图 1-57 单回柱上断路器杆杆头图（耐张杆、三角排列、内置隔离开关、双侧电压互感器）
（a）主视图；（b）侧视图

（4）单回柱上断路器杆（耐张杆、三角排列，外加单侧隔离开关），其杆头如图 1-59 所示。

（5）单回柱上断路器杆（耐张杆、三角排列，外加两侧隔离开关），其杆头如图 1-60 所示。

（6）单回柱上断路器杆（耐张杆、三角排列，外置隔离开关），其杆头如图 1-61 所示。

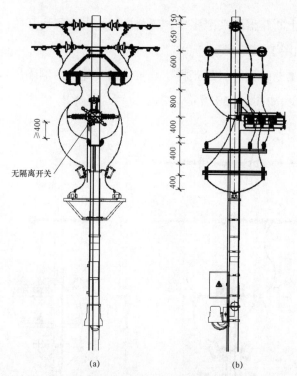

图 1-58　单回柱上断路器杆杆头图
（耐张杆、三角排列，外加两侧隔离开关，双侧电压互感器）

（a）主视图；（b）侧视图

图 1-59　单回柱上断路器杆杆头图（耐张杆、三角排列，外加单侧隔离开关）

（a）主视图；（b）侧视图

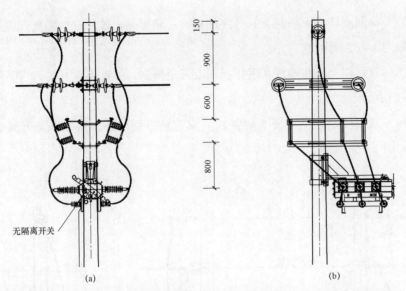

图 1-60　单回柱上断路器杆杆头图（耐张杆、三角排列，外加两侧隔离开关）

(a) 主视图；(b) 侧视图

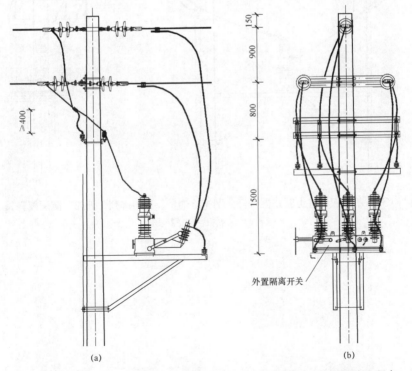

图 1-61　单回柱上断路器杆杆头图（耐张杆、三角排列，外置隔离开关）

(a) 主视图；(b) 侧视图

（7）单回双杆柱上断路器杆（终端杆、三角排列，外加双侧隔离开关），其杆头如图1-62所示。

（8）双回柱上断路器杆（耐张杆、双三角排列，外置隔离开关），其杆头如图1-63所示。

（9）双回柱上断路器杆（耐张杆、双三角排列，外加两侧隔离开关），其杆头如图1-64所示。

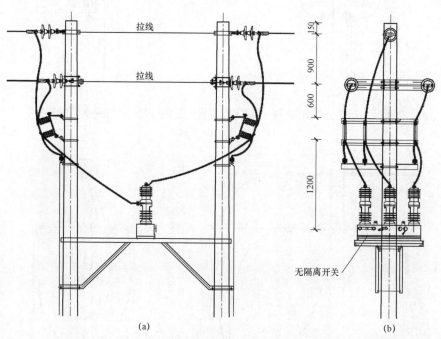

图1-62 单回双杆柱上断路器杆杆头图（终端杆、三角排列，外加双侧隔离开关）

（a）主视图；（b）侧视图

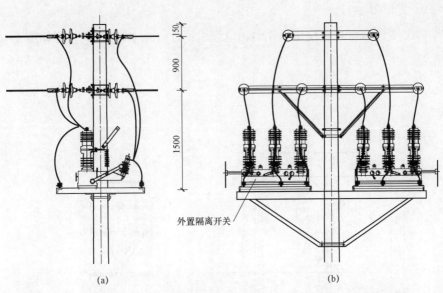

图 1-63　双回柱上断路器杆杆头图（耐张杆、双三角排列，外置隔离开关）

（a）主视图；（b）侧视图

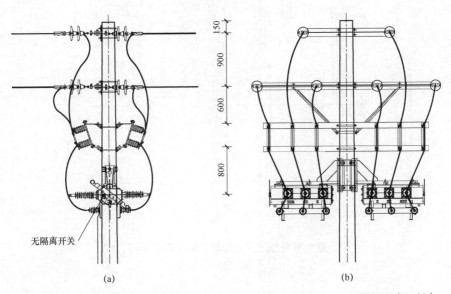

图 1-64　双回柱上断路器杆杆头图（耐张杆、双三角排列，外加两侧隔离开关）

（a）主视图；（b）侧视图

9. 变压器台杆

（1）变压器台杆（变压器侧装、电缆引线、12m 双杆），其杆型如图 1-65 所示。

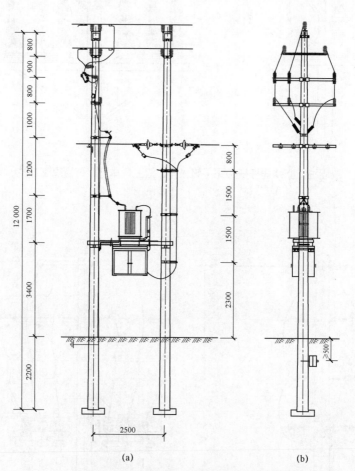

（a）   （b）

图 1-65　变压器台杆杆型图（变压器侧装、电缆引线、12m 双杆）

（a）主视图；（b）侧视图

（2）变压器台杆（变压器侧装、绝缘导线引线、12m 双杆），其杆型如图 1－66 所示。

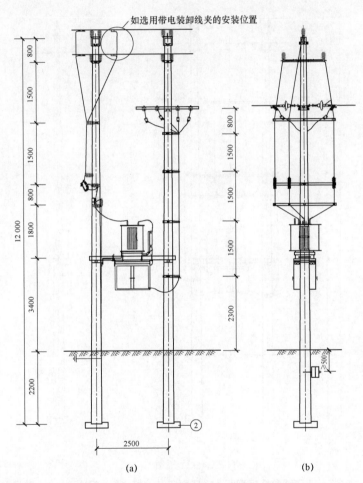

图 1－66　变压器台杆杆型图（变压器侧装、绝缘导线引线、12m 双杆）

（a）主视图；（b）侧视图

（3）变压器台杆（变压器正装、绝缘导线引线、12m 双杆），其杆型如图 1-67 所示。

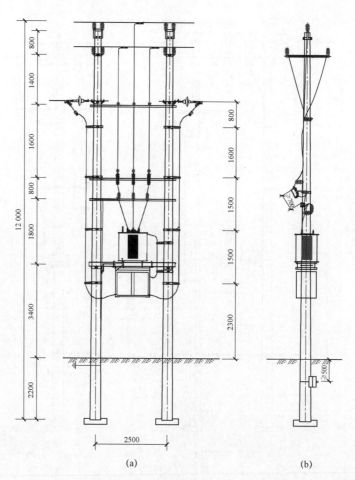

图 1-67　变压器台杆杆型图（变压器正装、绝缘导线引线、12m 双杆）
(a) 主视图；(b) 侧视图

1.3.3　欧式箱式变电站

欧式箱式变电站如图 1-68 所示，主要由高压开关设备、配电变压器及低压开关设备三大部分构成，各为一室（即高压室、变压器室和低压室），组成"目"

或 "品"字结构，通过电缆或母线来实现电气连接。

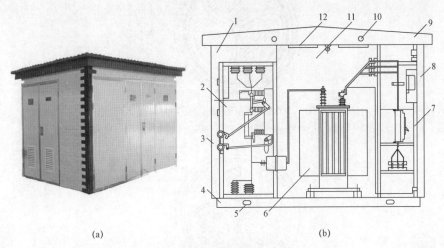

(a)　　　　　　　　　　　　　　(b)

图 1-68　欧式箱式变电站

(a) 外形图；(b) 结构图

1—高压室；2—环网柜；3—框架；4—底座；5—底部吊装轴；6—变压器；7—低压柜；8—低压室；
9—箱顶；10—顶部吊装支撑；11—变压器室；12—温控排风扇

1.3.4　10kV 电缆线路和设备介绍

1. 电缆本体

电力电缆的基本结构由导体、绝缘层和保护层三部分组成，单芯电力电缆还包括内、外半导电层和金属屏蔽层，如图 1-69 所示。电缆采用铜或铝作导体，绝缘体包在导体外面起绝缘作用。按照绝缘材料分类电力电缆可分为油浸纸绝缘电缆和交联聚乙烯绝缘电缆，分别如图 1-70、图 1-71 所示。

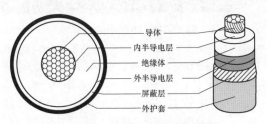

图 1-69　单芯电力电缆的结构

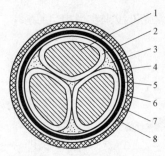

图1-70　10kV三芯统包油浸纸绝缘电缆示意图

1—导体；2—绝缘；3—填料；4—统包层；5—铅包；6—内衬层；7—铠装；8—外护套

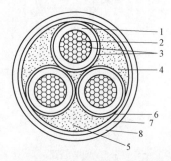

图1-71　10kV交联聚乙烯绝缘电缆构造图

1—绝缘层；2—线芯；3—半导体层；4—铜带屏蔽层；5—填料；
6—塑料内衬；7—铠装层；8—塑料外护层

2. 电缆接头

电缆接头又称电缆头，电缆线路中间部位的电缆接头称为电缆中间接头，而线路两末端的电缆接头称为电缆终端，分别如图1-72、图1-73所示。

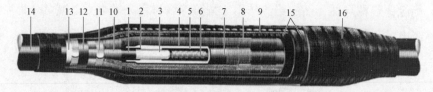

图1-72　电缆中间接头

1—电缆芯绝缘屏蔽层；2—中间头应力锥（几何法）；3—电缆芯绝缘；4—中间接头绝缘层；
5—中间接头内屏蔽层；6—金属连接管；7—中间接头外屏蔽层；8—铜屏蔽网；9—钢铠过桥地线；
10—电缆铜屏蔽层；11—恒力弹簧；12—电缆内护层；13—电缆铠装层；
14—电缆外护套；15—防水胶带层；16—装甲带

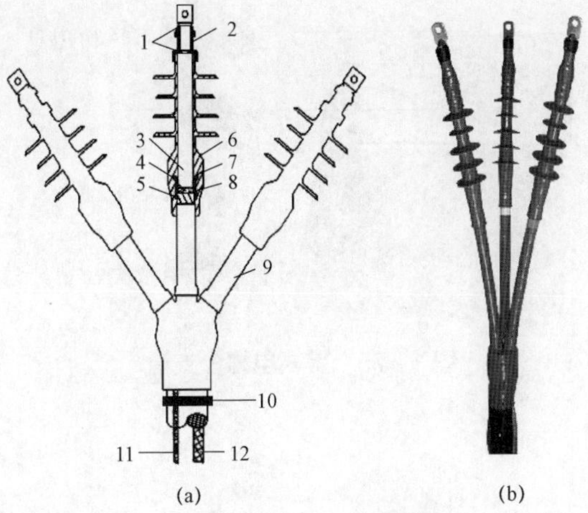

图 1-73　电缆终端

（a）结构图；（b）外形图

1—绝缘胶带；2—密封绝缘管；3—主绝缘层；4—半导电层；5—铜屏蔽层；6—冷缩终端；7—应力锥；

8—半导电胶；9—冷缩绝缘管；10—PVC 胶带；11—小接地编织线；12—大接地编织线

3. 电缆分支箱和电缆终端

电缆分支箱，也称电缆分接箱，用于多分支电缆终端连接，作用是将电缆分接或转接，包括欧式电缆分支箱和美式电缆分支箱，分别如图 1-74、图 1-75 所示。其中，欧式电缆分支箱（或环网箱）采用螺栓式（T 型）电缆终端，如图 1-76 所示；美式电缆分支箱（或环网箱）采用插入式（肘型）电缆终端，如图 1-77 所示。

欧式螺栓
连接终端接头

图 1-74　欧式电缆分支箱

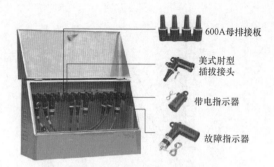

600A母排接板

美式肘型
插拔接头

带电指示器

故障指示器

图1-75 美式电缆分支箱

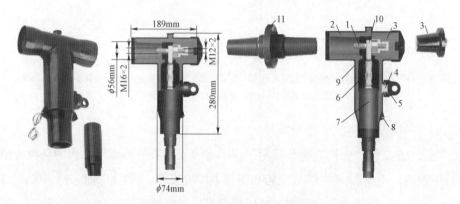

图1-76 螺栓式（T型）电缆终端

1—连接螺杆（其中一端与套管连接）；2—绝缘层；3—绝缘子；4—电压测试点；
5—测试点盖；6—内半导电层；7—应力锥；8—接地眼；
9—外半导电层；10—压接端子；11—套管（负荷转接头）

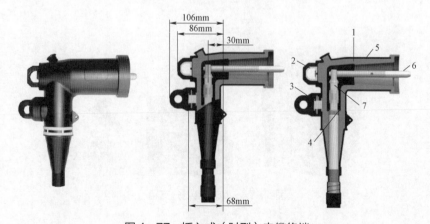

图1-77 插入式（肘型）电缆终端

1—绝缘层；2—操作环；3—电压测试点；4—内半导电层；5—外半导电层；6—消弧插入棒；7—压接端子

4. 欧式环网箱

欧式环网箱如图 1-78 所示，是一组高压开关设备装在钢板金属柜体内或做成拼装间隔式环网供电单元的电气设备，用于中压电缆线路分段、联络及分接负荷，是环网供电和终端供电的重要开关设备。在电缆不停电检修作业中，每个环网箱须留有一个备用间隔用于柔性电缆接入，若没有备用间隔可通过短时停电接入旁路电缆。

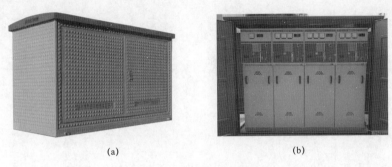

(a)　　　　　　　　　　　(b)

图 1-78　欧式环网箱

(a) 外形图；(b) 间隔外形图

第2章

· · · · · · · ◆ · · · · ·

配网不停电作业技术推广

2.1 配电线路带电作业技术

2.1.1 带电作业的概念

依据 GB/T 2900.55—2016 以及国际电工委员会 IEC 60050-651-2014《国际电工词汇 第 651 部分 带电作业》（651-21-01）的定义：带电作业（live working），是指工作人员接触带电部分的作业，或工作人员身体的任一部分或使用的工具、装置、设备进入带电作业区域的作业。其中：

（1）"工作人员接触带电部分的作业"，称为直接作业法。在输电线路带电作业中指的是"等电位作业"；在配电线路带电作业中指的是"绝缘手套作业"。

（2）"工作人员身体的任一部分或使用的工具、装置、设备进入带电作业区域的作业"，称为间接作业法。在输电线路带电作业中指的是"地电位和中间作业"；在配电线路带电作业中指的是"绝缘杆作业"。

（3）带电作业区域（live working zone），指的是带电部分周围的空间，通过以下措施来降低电气风险：仅限熟练的工作人员进入，在不同电位下保持适当的空气间距，并使用带电作业工具。其中：① "仅限熟练的工作人员进入"是指从事带电作业工作的人员必须"全员培训、全员取证"，持有带电作业资格证书上岗；② "在不同电位下保持适当的空气间距"是指从带电部分到带电区域的外边界，即带电作业安全距离，通常情况下，安全距离大于或等于在最大额定电压下的电气间距和人机操纵距离之和；③ "带电作业工具以及带电作业区域和特殊的防范措施"，将通过国家或公司的规程来确定。

（4）实践表明和试验证明，在带电作业区域内工作，电对人体产生的电流、静电感应、强电场和电弧的伤害，将直接危及作业人员的安全。为此，必须对进入带电作业区域的人员提供安全可靠的作业环境和防护措施，即安全地开展带电作业应满足的技术条件：

1）电流的防护，严格限制流经人体的稳态电流不超过人体的感知水平1mA；

2）静电感应的防护，暂态电击不超过人体的感知水平0.1mJ；

3）强电场的防护，严格限制人体体表局部场强不超过人体的感知水平240kV/m；

4）电弧的防护，严格控制对人体直接放电的那段空气间隙不得小于规定的安全距离。

2.1.2　架空配电线路带电作业方式

1. 绝缘杆作业法

（1）定义及相关规定。

绝缘杆作业法，也称为间接作业法。按GB/T 14286—2008《带电作业工具设备术语》2.1.1.4的定义：绝缘杆作业法（hot stick working），是指作业人员与带电体保持一定的距离，用绝缘工具进行的作业。绝缘杆作业法现场图如图2-1所示。

按照GB/T 18857《配电线路带电作业技术导则》（以下简称《配电导则》）6.1的规定：

1）绝缘杆作业法是指作业人员与带电体保持规定的安全距离，穿戴绝缘防护用具，通过绝缘杆进行作业的方式。

图2-1　绝缘杆作业法现场图

2）作业过程中有可能引起不同电位设备之间发生短路或接地故障时，应对设备设置绝缘遮蔽。

3）绝缘杆作业法既可在登杆作业中采用，也可在斗臂车的工作斗或其他绝缘平台上采用。

4）绝缘杆作业法中，绝缘杆为相地之间主绝缘，绝缘防护用具为辅助绝缘。

（2）安全注意事项。

1）保持足够的人身与带电体的安全距离（空气间隙）：0.4m（此距离不包括人体活动范围）。

依据《国家电网公司电力安全工作规程（配电部分）》（以下简称《配电安规》）9.2.9 和《配电导则》7.1.1 的规定：在配电线路上采用绝缘杆作业法时，人体与带电体的最小距离不得小于 0.4m，此距离不包括人体活动范围。

考虑到配电线路作业空间狭小以及作业人员活动范围对安全距离的潜在影响，杆上作业人员的工位选择是否合适至关重要，在不影响作业的前提下，必须考虑人体与带电体的最小安全作业距离，确保人体远离带电体，以防止离带电导线过近以及作业中动作幅度过大造成的触电伤害风险。

2）保证绝缘工具的可靠绝缘性能：700MΩ。

有关绝缘电阻的现场检测，在《配电安规》并没有明确规定，但为了保证作业安全，应当遵照 Q/GDW 1799.2《电力安全工作规程（线路部分）》13.2.2 的规定：带电作业工具使用前，应使用 2500V 及以上绝缘电阻表或绝缘检测仪进行分段绝缘检测（电极宽 2cm，极间宽 2cm），阻值应不低于 700MΩ，以及 Q/GDW 10520《10kV 配网不停电作业规范》（以下简称《作业规范》）中的规定：对绝缘工具应使用绝缘测试仪进行分段绝缘检测，绝缘电阻值不低于 700MΩ。

3）保证绝缘工具的有效绝缘长度：0.7m、0.4m。

《配电安规》9.2.10 规定：绝缘操作杆的有效绝缘长度不得小于 0.7m，绝缘承力工具和吊绳的有效绝缘长度不得小于 0.4m。

绝缘杆作业法是通过绝缘工具来间接完成其预定的工作目标，基本的操作有支、拉、紧、吊等，它们的配合使用是其主要的作业手段。

绝缘杆作业法可在登杆作业中采用，也可在绝缘斗臂车的工作斗或其他绝缘平台如"绝缘快装脚手架"上采用。

2. 绝缘手套作业法

（1）定义及相关规定。

绝缘手套作业法，也称为直接作业法。按 GB/T 14286《带电作业工具设备术语》2.1.1.5 的定义：绝缘手套作业法（insulating glove working），是指作业人员通过绝缘手套并与周围不同电位适当隔离保护的直接接触带电体所进行的作业。图2-2 为绝缘手套作业法现场图。

图2-2　绝缘手套作业法现场图

按照 GB/T 18857《配电线路带电作业技术导则》（以下简称《配电导则》）6.2 的规定：

1）绝缘手套作业法是指作业人员使用绝缘斗臂车、绝缘梯、绝缘平台等绝缘承载工具与大地保持规定的安全距离，穿戴绝缘防护用具，与周围物体保持绝缘隔离，通过绝缘手套对带电体直接进行作业的方式。

本条款中作业人员使用绝缘斗臂车等绝缘承载工具与大地保持规定的安全距离，以及保证绝缘承载工具可靠的绝缘性能，是进行绝缘手套作业法作业的先决条件，对作业人员的安全担负着非常重要的主绝缘保护作用。

2）采用绝缘手套作业法时无论作业人员与接地体和相邻带电体的空气间隙是否满足规定的安全距离，作业前均应对人体可能触及范围内的带电体和接地体进行绝缘遮蔽。

3）在作业范围窄小、电气设备布置密集处，为保证作业人员对相邻带电体或接地体的有效隔离，在适当位置还应装设绝缘隔板等限制作业人员的活动范围。

4）在配电线路带电作业中，严禁作业人员穿戴屏蔽服装和导电手套，采用等电位方式进行作业。绝缘手套作业法不是等电位作业法。

5）绝缘手套作业法中，绝缘承载工具为相地主绝缘，空气间隙为相间主绝缘，绝缘遮蔽用具、绝缘防护用具为辅助绝缘。

（2）安全注意事项。

1）《配电安规》9.7 规定：绝缘斗臂车的金属部分在仰起、回转运动中，与带电体间的安全距离不得小于 0.9m（10kV）；工作中车体应使用不小于 16mm² 的软铜线良好接地；绝缘臂的有效绝缘长度应大于 1.0m（10kV）；禁止绝缘斗超载工作，绝缘斗臂车使用前应在预定位置空斗试操作一次。

2）作业中绝缘斗以外的部件严禁触碰未遮蔽的带电体，吊臂和小吊绳也不得触碰未遮蔽的带电体，以免对斗内作业人员造成触电风险。

3）斗上作业人员使用个人绝缘防护用具至关重要，应专人专用、专项保管。绝缘手套使用前必须进行充（压）气检测，确认合格后方可使用。带电作业过程中，禁止摘下绝缘防护用具。《配电安规》9.2.6 规定：带电作业，应穿戴绝缘防护用具（绝缘服或绝缘披肩、绝缘袖套、绝缘手套、绝缘鞋、绝缘安全帽等）。带电断、接引线作业应戴护目镜，使用的安全带应有良好的绝缘性能。带电作业过程中，禁止摘下绝缘防护用具。

4）斗上双人作业时禁止在不同相或不同电位同时作业，为免造成触电风险，斗上 1 号电工为主电工，2 号电工为辅助电工。《配电安规》9.2.14 规定：斗上双人带电作业，禁止同时在不同相或不同电位作业。

5）带电作业中的安全距离受人为因素的影响是一个不可控的规定值，并非如"电气安全距离"维持某一固定不变的值。为了防止因"作业位置过近"人体"串入"电路的触电风险（单相接地或相间短路），以及"安全距离不足"对人体造成的弧光触电伤害，作业人员在"工位"的选择上，在不影响作业的前提下，应该"远离"接地体、带电体而作业。

6）绝缘手套作业法属于直接作业法，直接作业不等同于无保护的作业。配电线路作业空间狭小，必须重视"多层后备防护"。作业时，不仅要求作业人员穿戴"绝缘防护用具"对"人体"进行安全防护和隔离，而且还要求对作业区域的带电导线、绝缘子以及接地构件（如横担）等应采取相对地、相与相之间的绝缘遮蔽（隔离）措施，才能确保作业人员的安全。

7）《配电安规》9.2.7 和 9.2.8 规定：对作业中可能触及的其他带电体及无法满足安全距离的接地体（导线支承件、金属紧固件、横担、拉线等）应采取绝缘遮蔽措施。作业区域带电体、绝缘子等应采取相间、相对地的绝缘隔离（遮蔽）措施。禁止同时接触两个非连通的带电体或同时接触带电体与接地体。

8）《配电导则》6.2.2 规定：无论作业人员与接地体和相邻带电体的空气间隙是否满足规定的安全距离，作业前均需对人体可能触及范围内的带电体和接地体进行绝缘遮蔽。

9）《配电导则》9.14 规定：对带电体设置绝缘遮蔽时，应按照从近到远的原则，从离身体最近的带电体依次设置；对上下多回分布的带电导线设置遮蔽用具时，应按照从下到上的原则，从下层导线开始依次向上层设置；对导线、绝缘子、横担的设置次序是按照从带电体到接地体的原则，先放导线遮蔽用具，再放绝缘子遮蔽用具，然后对横担进行遮蔽，遮蔽用具之间的接合处的重合长度应不小于表 12 的规定（在电压为 10kV、海拔 $H\leqslant3000m$ 的情况下，重合长度为 150mm），如果重合部分长度无法满足要求，应使用其他遮蔽用具遮蔽结合处，使其重合长度满足要求。

10）《配电导则》9.15 规定：如遮蔽罩有脱落的可能时，应采用绝缘夹或绝缘绳绑扎，以防脱落。作业位置周围如有接地拉线和低压线等设施，也应使用绝缘挡板、绝缘毯、遮蔽罩等对周边物体进行绝缘隔离。另外，无论导线是裸导线还是绝缘导线，在作业中均应进行绝缘遮蔽。对绝缘子等设备进行遮蔽时，应避免"人为"短接绝缘子片。

11）《配电导则》9.16 规定：拆除遮蔽用具应从带电体下方（绝缘杆作业法）或者侧方（绝缘手套作业法）拆除绝缘遮蔽用具，拆除顺序与设置遮蔽相反，应按照从远到近的原则，即从离作业人员最远处开始依次向近处拆除；如是拆除上下多回路的绝缘遮蔽用具，应按照从上到下的原则，从上层开始依次向下顺序拆除；对于导线、绝缘子、横担的遮蔽拆除，应按照先接地体后带电体的原则，先拆横担遮蔽用具（绝缘垫、绝缘毯、遮蔽罩），再拆绝缘子遮蔽用具，然后拆导线遮蔽用具。在拆除绝缘遮蔽用具时应注意不使被遮蔽体受到显著振动，要尽可能轻地拆除。

绝缘手套作业法可在绝缘斗臂车上采用，也可在绝缘平台和绝缘快装脚手架上采用。为了作业人员的安全，必须建立安全作业有保证的工作理念，多层后备绝缘防护对绝缘手套作业来说，缺一不可。作业人员穿戴个人绝缘防护用具，对作业范围内可能触及的带电体、接地体设置绝缘遮蔽（隔离）措施，远离接地体、带电体而作业，一直是保证作业安全的重要技术措施。

2.1.3 配电线路带电作业项目

1. 配电线路断、接"引线类"项目

配电线路断、接"引线类"项目可以分为以下几类：

（1）断、接熔断器上引线；

（2）断、接分支线路引线；

（3）断、接耐张线路引线；

（4）断、接空载电缆线路引线。

2. 配电线路更换"元件类"项目

配电线路更换"元件类"项目可以分为以下几类：

（1）更换直线杆绝缘子及横担；

（2）更换耐张杆绝缘子串及横担；

（3）更换导线非承力线夹。

3. 配电线路更换"电杆类"项目

配电线路更换"电杆类"项目可以分为以下几类：

（1）更换直线电杆；

（2）组立直线电杆；

（3）直线杆改耐张杆；

（4）直线杆改终端杆。

4. 配电线路更换"设备类"项目

配电线路更换"设备类"项目可以分为以下几类：

（1）更换避雷器；

（2）更换熔断器；

（3）更换隔离开关；

（4）更换柱上开关；

（5）直线杆改耐张杆并加装隔离开关；

（6）直线杆改耐张杆并加装柱上开关。

架空配电线路更换"设备类"项目分为不带负荷类和带负荷类。

（1）不带负荷类项目（通常称为带电更换××项目），是指配电线路处于"带电状态"，需更换设备处于"断开（拉开、开口）"状态的作业项目，更换设备处不带负荷。

（2）带负荷类项目（通常称为带负荷更换××项目），是指需更换设备处于"闭合（合上、闭口）"状态的作业项目。应当注意的是，带负荷类项目必须保证在短接设备前，需更换设备处于可靠的"闭合"状态，方可进行。

2.2　配电线路旁路作业技术

2.2.1　旁路作业的概念

依据 GB/T 34577《配电线路旁路作业技术导则》3.1 的定义：

旁路作业（bypass working），是指通过旁路设备的接入，将配电网中的负荷转移至旁路系统，实现待检修设备停电检修的作业方式。

应用旁路作业的关键是：如何通过"旁路设备"构建"旁路电缆供电回路"，实现线路和设备中的"负荷转移"。

2.2.2　配电线路旁路作业方式

依据 Q/GDW 10520《10kV 配网不停电作业规范》和 GB/T 34577《配电线路旁路作业技术导则》并结合生产实际，配电线路旁路作业方式按照项目的不同可以分为旁路作业法和临时供电作业法。其中，无论是旁路作业法，还是临时供电作业法，都是通过构建"旁路电缆供电回路"，实现线路和设备中的"负荷转移"，从而完成"停电检修"工作和"保供电"工作。

1. 旁路作业法

生产中，旁路作业法用在"停电检修"工作中，包含"取电、送电、供电"三个环节。根据"取电点"不同旁路作业法项目分为两类：一类是电缆线路和环网箱的停电检修（更换）工作，采用"旁路作业"方式来完成；另一类是架空线路和柱上变压器的停电检修（更换）工作，需要采用"带电作业+旁路作业"方式协同来完成。例如，在图 2-3 所示的停电检修架空线路的旁路作业中，实现线路"负荷转移"（停电检修）工作，既包含了带电作业工作，又包含了旁路作业工作：

（1）在旁路负荷开关处，"旁路作业"来完成旁路电缆回路的"接入"工作，以及旁路引下电缆的"接入"工作；

（2）在取电点和供电点处，"带电作业"来完成旁路引下电缆的"连接"工作；

（3）在旁路负荷开关处，"倒闸操作"来完成旁路电缆回路"送电和供电"工作，即"负荷转移"工作；

（4）在断联点处，"带电作业"（桥接施工法）完成待检修线路的"停运"工作；

（5）线路"负荷转移"后，即可按照停电检修作业方式完成线路检修工作。

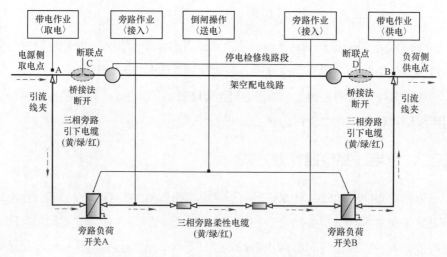

图 2-3　旁路作业法应用示意图

以图 2-3 所示为例，保证带电作业（取电和供电）工作安全的注意事项如下：

（1）进入绝缘斗内的作业人员必须穿戴个人绝缘防护用具（绝缘手套、绝缘服或绝缘披肩等），做好人身安全防护工作。使用的安全带应有良好的绝缘性能，起臂前安全带保险钩必须系挂在斗内专用挂钩上。

（2）个人绝缘防护用具使用前必须进行外观检查，绝缘手套使用前必须进行充（压）气检测，确认合格后方可使用。带电作业过程中，禁止摘下绝缘防护用具。

（3）绝缘斗臂车使用前应可靠接地。作业中，绝缘斗臂车绝缘臂伸出的有效绝缘长度不小于 1.0m。

（4）斗内电工按照"从近到远、从下到上、先带电体后接地体"的顺序，依次对作业位置处带电体（导线）设置绝缘遮蔽（隔离）措施时，绝缘遮蔽（隔离）的范围应比作业人员活动范围增加 0.4m 以上，绝缘遮蔽用具之间的重叠部分不得小于 150mm。绝缘斗内双人作业时，禁止在不同相或不同电位同时作业进行绝缘遮蔽。

（5）斗内电工作业时严禁人体同时接触两个不同的电位体，在整个的作业过程中，包括设置（拆除）绝缘遮蔽（隔离）用具的作业中，作业工位的选择应合适，在不影响作业的前提下，人身务必与带电体和接地体保持一定的安全距离，远离接地体、带电体而作业，以防斗内电工作业过程中人体串入电路。绝缘斗内双人作业时，禁止同时在不同相或不同电位作业。

（6）带电安装（拆除）高压旁路引下电缆前，必须确认（电源侧和负荷侧）旁路负荷开关处于"分"闸状态并可靠闭锁。

（7）带电安装（拆除）高压旁路引下电缆时，必须是在作业范围内的带电体（导线）完全绝缘遮蔽的前提下进行，起吊高压旁路引下电缆时应使用小吊臂缓慢进行。

（8）带电接入旁路引下电缆时，必须确保旁路引下电缆的相色标记 "黄、绿、红"与高压架空线路的相位标记 A（黄）、B（绿）、C（红）保持一致。接入的顺序是"远边相、中间相和近边相"导线，拆除的顺序相反。

（9）高压旁路引下电缆与旁路负荷开关可靠连接后，在与架空导线连接前，合上旁路负荷开关检测旁路电缆回路绝缘电阻应不小于 500MΩ；检测完毕、充分放电后，断开且确认旁路负荷开关处于"分闸"状态并可靠闭锁。

（10）在起吊高压旁路引下电缆前，应事先用绝缘毯将与架空导线连接的引流线夹遮蔽好，并在其合适位置系上长度适宜的起吊绳和防坠绳。

（11）挂接高压旁路引下电缆的引流线夹时应先挂防坠绳，再拆起吊绳；拆除引流线夹时先挂起吊绳，再拆防坠绳；拆除后的引流线夹及时用绝缘毯遮蔽好后再起吊下落。

（12）拉合旁路负荷开关应使用绝缘操作杆进行，旁路电缆回路投入运行后应及时锁死闭锁机构。旁路电缆回路退出运行，断开高压旁路引下电缆后应对旁路电缆回路充分放电。

（13）斗内电工拆除绝缘遮蔽（隔离）用具的作业中，应严格遵守"从远到近、从上到下，先接地体后带电体"的拆除原则（与遮蔽顺序相反）。绝缘斗内双人作业时，禁止在不同相或不同电位同时作业拆除绝缘遮蔽（隔离）用具。

（14）带电作业人员在断联点处完成已检修段线路接入主线路的供电（恢复）工作时，应严格按照带电作业方式进行。

（15）依据《国家电网公司电力安全工作规程（配电部分）》（9.17）规定：带电、停电作业配合的项目，当带电、停电作业工序转换时，双方工作负责人应进行安全技术交接，确认无误后，方可开始工作。

以图2-3为例，保证旁路作业（接入）工作安全的注意事项有：

（1）采用旁路作业必须确认线路负荷电流小于旁路系统额定电流，旁路作业中使用的旁路负荷开关、移动箱变必须满足最大负荷电流要求（200A），旁路负荷开关外壳应可靠接地，移动箱变车按接地要求可靠接地。

（2）展放旁路柔性电缆时，应在工作负责人的指挥下，由多名作业人员配合使旁路电缆离开地面整体敷设在保护槽盒内，防止旁路电缆与地面摩擦，且不得受力，防止电缆出现扭曲和死弯现象。展放、接续后应进行分段绑扎固定。

（3）采用地面敷设旁路柔性电缆时，沿作业路径应设安全围栏和"止步、高压危险！"标示牌，防止旁路电缆受损或行人靠近旁路电缆；在路口应采用过街保护盒或架空敷设，如需跨越道路时应采用架空敷设方式。

（4）连接旁路设备和旁路柔性电缆前，应对旁路电缆回路中的电缆接头、接口的绝缘部分进行清洁，并按规定要求均匀涂抹绝缘硅脂。

（5）旁路作业中使用的旁路负荷开关必须满足最大负荷电流要求（小于旁路系统额定电流200A），旁路开关外壳应可靠接地。

（6）采用自锁定快速插拔直通接头分段连接（接续）旁路柔性电缆终端时，应逐相将旁路柔性电缆的"同相色（黄、绿、红）"快速插拔终端可靠连接，带有分支的旁路柔性电缆终端应采用自锁定快速插拔T型接头。接续好的终端接头放置专用铠装接头保护盒内。三相旁路柔性电缆接续完毕后应分段绑扎固定。

（7）接续好的旁路柔性电缆终端与旁路负荷开关连接时应采用快速插拔终端接头，连接应核对分相标志，保证相位色的一致：相色"黄、绿、红"分别与同相位的 A、B、C 相连。

（8）旁路系统投入运行前和恢复原线路供电前必须进行核相，确认相位正确方可投入运行。对低压用户临时转供的时候，也必须进行核相（相序）。恢复原线路接入主线路供电前必须符合送电条件。

（9）展放和接续好的旁路系统接入前进行绝缘电阻检测应不小于 500MΩ。绝缘电阻检测完毕后，以及旁路设备拆除前、电缆终端拆除后，均应进行充分放电，用绝缘放电棒放电时，绝缘放电棒（杆）的接地应良好。绝缘放电棒（杆）以及验电器的绝缘有效长度应不小于 0.7m。

（10）操作旁路设备开关、检测绝缘电阻、使用放电棒（杆）进行放电时，操作人员均应戴绝缘手套进行。

（11）旁路系统投入运行后，应每隔半小时检测一次回路的负载电流，监视其运行情况。在旁路柔性电缆运行期间，应派专人看守、巡视。在车辆繁忙地段还应与交通管理部门取得联系，以取得配合。夜间作业应有足够的照明。

（12）依据 GB/T 34577《配电线路旁路作业技术导则》4.2.4 的规定：雨雪天气严禁组装旁路作业设备；组装完成的旁路作业设备允许在降雨（雪）条件下运行，但应确保旁路设备连接部位有可靠的防雨（雪）措施。

（13）旁路作业中需要倒闸操作，必须由运行操作人员严格按照《配电倒闸操作票》进行，操作过程必须由两人进行，一人监护一人操作，并执行唱票制。操作机械传动的断路器（开关）或隔离开关（刀闸）时应戴绝缘手套。没有机械传动的断路器（开关）、隔离开关（刀闸）和跌落式熔断器，应使用合格的绝缘棒进行操作。

2. 临时供电作业法

生产中，临时供电作业法用在"保供电"工作中，包含"取电、送电、供电"三个环节。根据"取电点"不同临时供电作业法项目可以分为两类：一类是从环网箱临时取电给移动箱变供电、环网箱供电工作，采用"旁路作业"方式来完成；另一类是从架空线路临时取电给移动箱变、环网箱供电工作，需要采用"带电作业+旁路作业"方式协同来完成，例如，在图 2-4 所示的从架空线路临时取电给移动箱变的作业中，实现线路"负荷转移"（保供电）工作，既包含了带电作业工作，又包含了旁路作业工作：

（1）在旁路负荷开关和移动箱变处，"旁路作业"完成旁路电缆回路的"接入"工作，以及低压旁路引下电缆的"接入"工作；

（2）在取电点处，"带电作业"完成旁路引下电缆的"连接"工作；

（3）在旁路负荷开关和移动箱变处，"倒闸操作"完成旁路电缆回路"送电和供电"工作，即"负荷转移"（保供电）工作。

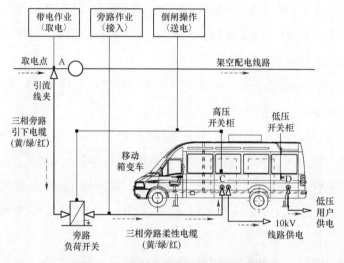

图 2-4 临时供电作业法应用示意图

2.2.3 配电线路旁路作业项目

生产中，综合运用旁路柔性电缆、旁路电缆连接器、旁路负荷开关、移动箱变车、移动环网柜车、中低压发电车等旁路设备，可进一步加大"旁路作业"的转供电和"临时供电作业"的保供电力度，包括"能转必转"的"停电检修"作业项目，以及"先转供、后带电、再保电"的"保供电"作业项目。通过"旁路电缆回路"实施的"转供电"（负荷转移）作业，以及多种方式（转供电、带电、保电）的相结合的作业，才能确保配电网施工检修作业"用户不停电"。

1. 架空线路"旁路类"项目

架空线路"旁路类"项目可以分为以下几类：

（1）检修架空线路；

（2）更换柱上变压器。

2. 架空线路"取电类"项目

架空线路"取电类"项目可以分为以下几类：

（1）从架空线路临时取电给移动箱变供电；

（2）从架空线路临时取电给环网箱供电。

3. 电缆线路"旁路类"项目

电缆线路"旁路类"项目可以分为以下几类：

（1）检修电缆线路；

（2）检修环网箱。

4. 电缆线路"取电类"项目

电缆线路"取电类"项目可以分为以下几类：

（1）从环网箱临时取电给移动箱变供电；

（2）从环网箱临时取电给环网箱供电。

2.3　配网不停电作业技术

2.3.1　不停电作业的概念

按 Q/GDW 10520《10kV 配网不停电作业规范》（3.1）的定义：

不停电作业（overhaul without power interruption），是指以实现用户的不停电或短时停电为目的，采用多种方式对设备进行检修的作业。

如果从实现"用户不停电"的角度来看，定义中的"采用多种方式对设备进行检修的作业"，指的是在 10kV 配网架空线路和电缆线路不停电作业中，采用"带电作业、旁路作业和临时供电作业"等多种方式保证"用户不停电"的作业。以客户为中心，人民电业为人民，尽一切可能减少用户停电时间，不停电作业已经成为中国主流的配网检修作业方式。

2.3.2 配网不停电作业方式

依据 Q/GDW 10520《10kV 配网不停电作业规范》（6.1）的分类：

不停电作业方式可分为绝缘杆作业法、绝缘手套作业法和综合不停电作业法。

（1）"绝缘杆作业法和绝缘手套作业法"属于带电作业方式。

（2）"综合不停电作业法"为多种方式结合的作业，如带电作业、旁路作业、临时供电作业等，或者说是综合运用绝缘杆作业法、绝缘手套作业法以及旁路作业法和临时供电作业法的作业，或者是"能转必转"的"转供电"作业、"能带不停"的"带电"作业以及"先转供、后带电、再保电"的"保供电"作业。

2.3.3 配网不停电作业项目分类

依据 Q/GDW 10520《10kV 配网不停电作业规范》（6.2）的划分，常用配网不停电作业项目按照作业难易程度，可分为四类（33 项）：

（1）第一类为简单绝缘杆作业法项目（4 项）；

（2）第二类为简单绝缘手套作业法项目（10 项）；

（3）第三类为复杂绝缘杆作业法和复杂绝缘手套作业法项目（13 项）；

（4）第四类为综合不停电作业项目（6 项）。

表 2-1 所示为：在四类 33 项不停电作业常用项目中，主要以 10kV 配电网架空线路带电作业项目为主，既包括采用绝缘杆作业法、绝缘手套作业法和综合不停电作业法的项目，也包括采用带电作业、旁路作业和临时供电作业的项目。

表 2-1　　　　　　　　　常用不停电作业项目（四类 33 项）

序号	常用作业项目	作业类别	作业方式	不停电作业时间（h）	减少停电时间（h）	作业人数（人次）
1	普通消缺及装拆附件（包括：修剪树枝、清除异物、扶正绝缘子、拆除退役设备；加装或拆除接触设备套管、故障指示器、驱鸟器等）	第一类	绝缘杆作业法	0.5	2.5	4

续表

序号	常用作业项目	作业类别	作业方式	不停电作业时间（h）	减少停电时间（h）	作业人数（人次）
2	带电更换避雷器	第一类	绝缘杆作业法	1	3	4
3	带电断引流线（包括：熔断器上引线、分支线路引线、耐张杆引流线）	第一类	绝缘杆作业法	1.5	3.5	4
4	带电接引流线（包括：熔断器上引线、分支线路引线、耐张杆引流线）	第一类	绝缘杆作业法	1.5	3.5	4
5	普通消缺及装拆附件（包括：清除异物、扶正绝缘子、修补导线及调节导线弧垂、处理绝缘导线异响、拆除退役设备、更换拉线、拆除非承力拉线；加装接地环；加装或拆除接触设备套管、故障指示器、驱鸟器等）	第二类	绝缘手套作业法	0.5	2.5	4
6	带电辅助加装或拆除绝缘遮蔽	第二类	绝缘手套作业法	1	2.5	4
7	带电更换避雷器	第二类	绝缘手套作业法	1.5	3.5	4
8	带电断引流线（包括：熔断器上引线、分支线路引线、耐张杆引流线）	第二类	绝缘手套作业法	1	3	4
9	带电接引流线（包括：熔断器上引线、分支线路引线、耐张杆引流线）	第二类	绝缘手套作业法	1	3	4
10	带电更换熔断器	第二类	绝缘手套作业法	1.5	3.5	4
11	带电更换直线杆绝缘子	第二类	绝缘手套作业法	1	3	4
12	带电更换直线杆绝缘子及横担	第二类	绝缘手套作业法	1.5	3.5	4
13	带电更换耐张杆绝缘子串	第二类	绝缘手套作业法	2	4	4
14	带电更换柱上开关或隔离开关	第二类	绝缘手套作业法	3	5	4
15	带电更换直线杆绝缘子	第三类	绝缘杆作业法	1.5	3.5	4
16	带电更换直线杆绝缘子及横担	第三类	绝缘杆作业法	2	4	4
17	带电更换熔断器	第三类	绝缘杆作业法	2	4	4
18	带电更换耐张绝缘子串及横担	第三类	绝缘手套作业法	3	5	4
19	带电组立或撤除直线电杆	第三类	绝缘手套作业法	3	5	8
20	带电更换直线电杆	第三类	绝缘手套作业法	4	6	8
21	带电直线杆改终端杆	第三类	绝缘手套作业法	3	5	4
22	带负荷更换熔断器	第三类	绝缘手套作业法	2	4	4
23	带负荷更换导线非承力线夹	第三类	绝缘手套作业法	2	4	4
24	带负荷更换柱上开关或隔离开关	第三类	绝缘手套作业法	4	6	12
25	带负荷直线杆改耐张杆	第三类	绝缘手套作业法	4	6	5

续表

序号	常用作业项目	作业类别	作业方式	不停电作业时间（h）	减少停电时间（h）	作业人数（人次）
26	带电断空载电缆线路与架空线路连接引线	第三类	绝缘杆作业法、绝缘手套作业法	2	4	4
27	带电接空载电缆线路与架空线路连接引线	第三类	绝缘杆作业法、绝缘手套作业法	2	4	4
28	带负荷直线杆改耐张杆并加装柱上开关或隔离开关	第四类	绝缘手套作业法	5	7	7
29	不停电更换柱上变压器	第四类	综合不停电作业法	2	4	12
30	旁路作业检修架空线路	第四类	综合不停电作业法	8	10	18
31	旁路作业检修电缆线路	第四类	综合不停电作业法	8	10	20
32	旁路作业检修环网箱	第四类	综合不停电作业法	8	10	20
33	从环网箱（架空线路）等设备临时取电给环网箱、移动箱变供电	第四类	综合不停电作业法	2	4	24

10kV 电缆线路不停电作业项目主要是指：旁路作业检修电缆线路、旁路作业检修环网箱、从环网箱临时取电给环网箱、移动箱变供电三类项目。

2.3.4　配网不停电作业项目人员

依据 Q/GDW 10520《10kV 配网不停电作业规范》（第 8 章　人员资质与培训管理），从事配网不停电工作的"带电作业人员、旁路作业人员以及地面辅助人员"必须"全面接受培训、全员持证上岗"。

实现"用户不停电"，应当集约人员、装备等资源，以"带电作业中心"为主体，"带电作业人员"为主导，"项目总协调人"为引领，统筹带电、电缆、运行、检修等多专业协同、多人员协作，全口径开展不停电工作。

如图 2-5 所示，从事配网不停电作业工作的人员，按其作业对象和作业方式可以分为：

1. 带电作业人员

对于从事 10kV 架空线路不停电工作的带电作业人员必须持有《配网不停电作业（简单项目）资质证书》或《配网不停电作业（复杂项目）资质证书》上岗。简单项目为第一、二类作业项目；复杂项目为第三、四类作业项目。

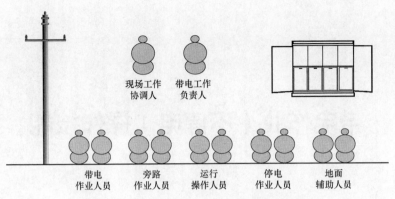

图 2-5　不停电作业工作人员组成示意图

2. 旁路作业人员

对于从事 10kV 电缆线路不停电工作的"旁路作业人员"必须持有《配网不停电作业（电缆）资质证书》上岗，只能开展 "第四类"复杂项目作业中（除架空线路外）的旁路作业检修电缆线路和环网箱工作，以及从环网箱临时取电给移动箱变和环网箱供电的工作。

3. 运行操作人员

运行操作人员负责倒闸操作工作，执行《配电倒闸操作票》，一人监护一人操作。

4. 停电作业人员

停电作业人员负责停电检修工作，执行《配电线路第一种工作票》。

5. 其他人员

其他人员包括：工作票签发人、工作负责人、专责监护人、项目协调人等。其中，为统筹现场多作业班组协同工作，现场作业以带电作业人员为主导，增设现场"项目总协调人"为指挥，全面负责现场工作，统一协调带电作业、旁路作业、倒闸操作以及停电作业工作。

第3章

· · · · · ◆ ◆ ◆ · · ·

带电作业（不停电）操作技能

3.1 配电线路断接"引线类"项目

3.1.1 绝缘杆作业法（登杆作业）带电断熔断器上引线

按照 Q/GDW 10520《10kV 配网不停电作业规范》，本项目为第一类、简单绝缘杆作业法项目，如图 3–1 所示，适用于绝缘杆作业法+拆除线夹法（登杆作业）带电断熔断器上引线工作，作业原理（断开引线类项目相同）为：① 绝缘吊杆固定在主导线上；② 绝缘锁杆将待断引线固定；③ 剪断引线或拆除线夹；④ 绝缘锁杆（连同引线）固定在绝缘吊杆下端处。三相引线按相同方法全部断开后再一并拆除，生产中务必结合现场实际工况参照适用，并积极推广绝缘杆作业法（短杆作业）在绝缘斗臂车的工作斗或其他绝缘平台如绝缘脚手架上的应用。

下面以图 3–1 所示的直线分支杆（有熔断器，导线三角排列）为例说明其操作步骤：

本项目工作人员共计 4 人，人员分工为：工作负责人（兼工作监护人）1 人、杆上电工 2 人、地面电工 1 人。

本项目现场作业阶段的操作步骤是：

（1）工作开始，进入带电作业区域，验电，设置绝缘遮蔽（隔离）措施。

1）杆上电工穿戴好绝缘防护用，携带绝缘传递绳登杆至合适位置，在确保安全作业距离的前提下，确认熔断器已断开，熔丝管已取下，杆上电工使用绝缘操作杆挂好绝缘传递绳。

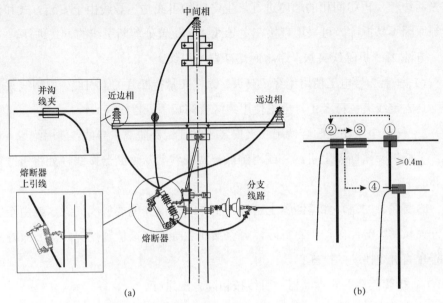

图 3-1　绝缘杆作业法（登杆作业）带电断熔断器上引线及作业原理

（a）杆头组装图；（b）作业原理图

2）杆上电工使用验电器按照"导线—绝缘子—横担—导线"的顺序进行验电，确认无漏电现象并汇报给工作负责人，使用电流检测仪实测导线电流值告知工作负责人，结果记录在工作票备注栏内（包括现场作业时的天气、风速、湿度和温度等）。

3）杆上电工在地面电工的配合下，使用绝缘操作杆按照"先两边相、再中间相"的遮蔽顺序，依次对不能满足安全距离的带电体进行绝缘遮蔽（根据实际工况需要选用），包括安装熔断器之间的绝缘隔板等。

（2）断熔断器上引线。

方法 1："剪断引线法"带电断熔断器上引线。

1）杆上 2 号电工使用绝缘锁杆将绝缘吊杆固定在线夹附近的主导线上；

2）杆上 2 号电工使用绝缘（双头）锁杆将待断引线可靠固定；

3）杆上 1 号电工使用绝缘断线剪在线夹处剪断引线；

4）杆上 2 号电工操作绝缘（双头）锁杆（连同引线）将其临时固定在绝缘吊杆下端处；

5）其余两相引线剪断与临时固定按相同的方法进行，三相引线剪断的顺序按先两边相、再中间相的顺序进行。生产中如引线与主导线由于安装方式和锈蚀等原因不易拆除，可采用直接在主导线搭接位置处剪断引线的方式进行。

方法 2："拆除线夹法"带电断熔断器上引线。

1）杆上 2 号电工使用绝缘（双头）锁杆夹紧待断开的上引线，并用线夹安装工具固定线夹；杆上 1 号电工使用绝缘套筒扳手拧松线夹。

2）杆上电工相互配合使用线夹安装工具使线夹脱离主导线，使用绝缘（双头）锁杆拆除熔断器上引线，或用绝缘杆式断线剪从熔断器接线柱处将引线剪断并取下。

需要注意的是，如熔断器上引线与主导线采用其他类型线夹固定或由于安装方式和锈蚀等原因，不易拆除，可直接在主导线搭接位置处剪断，并做好防止断开的引线摆动的措施。

4）拆除其余两相熔断器上引线按相同方法进行。

5）三相引线拆除的顺序是先两边相、再中间相。

（3）工作完成，拆除绝缘遮蔽（隔离）措施，退出带电作业区域，工作结束。

1）杆上电工向工作负责人汇报确认本项工作已完成。

2）杆上电工在地面电工的配合下，使用绝缘操作杆按照"从远到近、从上到下、先接地体后带电体"的原则，以及"先中间相、再两边相"的顺序（与遮蔽相反），依次拆除绝缘遮蔽（隔离）用具。

3）检查杆上无遗留物后返回地面，杆上作业工作结束。

3.1.2 绝缘杆作业法（登杆作业）带电接熔断器上引线

按照 Q/GDW 10520《10kV 配网不停电作业规范》，本项目为第一类、简单绝缘杆作业法项目，如图 3-2 所示，适用于绝缘杆作业法+安装线夹法（登杆作业）带电接熔断器上引线工作，作业原理为（搭接引线类项目相同）：① 绝缘吊杆固定在主导线上；② 绝缘锁杆（连同引线）固定在绝缘吊杆下端处；③ 绝缘锁杆将待接引线固定在导线上；④ 安装线夹。三相引线按相同方法完成全部搭接操作，生产中务必结合现场实际工况参照适用，并积极推广绝缘杆作业法（短杆作业）在绝缘斗臂车的工作斗或其他绝缘平台如绝缘脚手架上的应用。

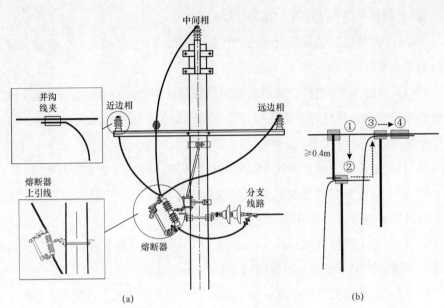

(a)　　　　　　　　　　　　　　(b)

图 3-2　绝缘杆作业法（登杆作业）带电接熔断器上引线及作业原理
（a）杆头组装图；（b）作业原理图

下面以图 3-2 所示的直线分支杆（有熔断器，导线三角排列）为例说明其操作步骤：

本项目工作人员共计 4 人，人员分工为：工作负责人（兼工作监护人）1 人、杆上电工 2 人、地面电工 1 人。

本项目现场作业阶段的操作步骤是：

（1）工作开始，进入带电作业区域，验电，设置绝缘遮蔽（隔离）措施。

1）获得工作负责人许可后，杆上电工穿戴好绝缘防护用，携带绝缘传递绳登杆至合适位置，确认熔断器已断开，熔丝管已取下，在确保安全作业距离的前提下，按规定使用验电器按照"导线—绝缘子—横担—导线"的顺序进行验电，确认无漏电现象，使用绝缘操作杆挂好绝缘传递绳，开始现场作业工作。

2）杆上电工在地面电工的配合下，使用绝缘操作杆按照"从近到远、从下到上、先带电体后接地体"的遮蔽原则，以及"先两边相、再中间相"的遮蔽顺序，依次对不能满足安全距离的带电体（或接地体）进行绝缘遮蔽（隔离），包括安装熔断器之间的绝缘隔板（挡板）等。

（2）（测量引线长度）接熔断器上引线。

方法：（在导线处）安装线夹法（包括并沟线夹、J 型线夹、C 型线夹等）接熔断器上引线。

1）杆上电工登至电杆合适位置使用绝缘测杆测量三相引线长度，地面电工按照测量长度切断引线，剥除引线搭接处的绝缘层，制作引线与熔断器上桩头连接处的压缩型设备线夹。

2）杆上电工将三根上引线一端安装在熔断器上接线柱上并妥善固定。

3）杆上电工操作绝缘杆式绝缘导线剥皮器依次剥除三相引线连接线夹搭接处主导线的绝缘层，并清除导线上的氧化层。

4）杆上电工手持绝缘（双头）锁杆锁住中间相熔断器上引线待搭接一端将其提升并固定在主导线上（距离横担 0.6～0.7m）。

5）杆上 2 号电工使用线夹安装工具将线夹套入引线和主导线连接处，杆上 1 号电工使用绝缘杆套筒扳手将线夹螺丝拧紧，引线与导线连接可靠牢固后撤除绝缘（双头）锁杆。

6）搭接其余两相熔断器上引线按相同方法进行。

7）三相引线安装的顺序是"先中间相、再两边相"。

（3）工作完成，拆除绝缘遮蔽（隔离）措施，退出带电作业区域，工作结束。

1）杆上电工向工作负责人汇报确认本项工作已完成。

2）杆上电工在地面电工的配合下，使用绝缘操作杆按照"从远到近、从上到下、先接地体后带电体"的原则，以及"先中间相、再两边相"的顺序（与遮蔽相反），依次拆除绝缘遮蔽（隔离）用具。

3）检查杆上无遗留物后返回地面，杆上作业工作结束。

3.1.3　绝缘杆作业法（登杆作业）带电断分支线路引线

按照 Q/GDW 10520《10kV 配网不停电作业规范》，本项目为第一类、简单绝缘杆作业法项目，如图 3−3 所示，适用于绝缘杆作业法+拆除线夹法（登杆作业）带电断熔断器上引线工作，作业原理为（断开引线类项目相同）：① 绝缘吊杆固定在主导线上；② 绝缘锁杆将待断引线固定；③ 剪断引线或拆除线夹；④ 绝缘锁杆（连同引线）固定在绝缘吊杆下端处；⑤ 三相引线按相同方法全部断开后再一并拆除；⑥ 生产中务必结合现场实际工况参照适用，并积极推广绝缘杆作业法（短杆作业）在绝缘斗臂车的工作斗或其他绝缘平台如绝缘脚手架上的应用。

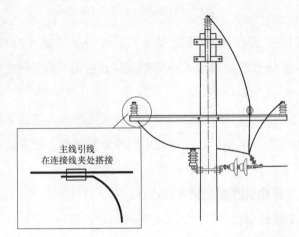

图3-3 绝缘杆作业法（登杆作业）带电断分支线路引线

下面以图3-3所示的直线分支杆（无熔断器，导线三角排列）为例说明其操作步骤：

本项目工作人员共计 4 人，人员分工为：工作负责人（兼工作监护人）1人、杆上电工2人、地面电工1人。

本项目现场作业阶段的操作步骤是：

（1）工作开始，进入带电作业区域，验电，设置绝缘遮蔽（隔离）措施。

1）获得工作负责人许可后，杆上电工穿戴好绝缘防护用，携带绝缘传递绳登杆至合适位置，在确保安全作业距离的前提下，按规定使用验电器按照"导线—绝缘子—横担—导线"的顺序进行验电，确认无漏电现象，使用绝缘操作杆挂好绝缘传递绳，开始现场作业工作。

2）杆上电工在地面电工的配合下，使用绝缘操作杆按照"从近到远、从下到上、先带电体后接地体"的遮蔽原则，以及"先两边相、再中间相"的遮蔽顺序，依次对不能满足安全距离的带电体（或接地体）进行绝缘遮蔽（隔离），包括安装分支引线之间的绝缘隔板（挡板）等。

（2）断分支线路引线。

方法：（在导线处）拆除线夹法断分支线路引线。

1）杆上 2 号电工使用绝缘（双头）锁杆将待断开的近边相分支线路引线与主导线可靠固定，并用线夹安装工具固定线夹；杆上 1 号电工使用绝缘套筒扳手拧松线夹。

2）杆上电工相互配合使用线夹安装工具使线夹脱离主导线，使用绝缘（双头）锁杆拆除分支线路引线，或用绝缘杆式断线剪将耐张线夹处引线剪断并取下。

需要注意的是，如分支线路引线与主导线采用其他类型线夹固定或由于安装方式和锈蚀等原因，不易拆除，可使用绝缘杆断线剪将分支线路引线直接在主导线搭接处剪断，并做好防止断开的引线摆动的措施。

3）拆除其余两相引线按相同方法进行。

4）三相分支线路引线拆除的顺序是先两边相、再中间相。

（3）工作完成，拆除绝缘遮蔽（隔离）措施，退出带电作业区域，工作结束。

1）杆上电工向工作负责人汇报确认本项工作已完成。

2）杆上电工在地面电工的配合下，使用绝缘操作杆按照"从远到近、从上到下、先接地体后带电体"的原则，以及"先中间相、再两边相"的顺序（与遮蔽相反），依次拆除绝缘遮蔽（隔离）用具。

3）检查杆上无遗留物后返回地面，杆上作业工作结束。

3.1.4 绝缘杆作业法（登杆作业）带电接分支线路引线

按照 Q/GDW 10520《10kV 配网不停电作业规范》，本项目为第一类、简单绝缘杆作业法项目，如图 3-4 所示，适用于绝缘杆作业法+安装线夹法（登杆作业）带电接熔断器上引线工作，作业原理为（搭接引线类项目相同）：① 绝缘吊杆固定在主导线上；② 绝缘锁杆（连同引线）固定在绝缘吊杆下端处；③ 绝缘锁杆将待接引线固定在导线上；④ 安装线夹；⑤ 三相引线按相同方法完成全部搭接操作；⑥ 生产中务必结合现场实际工况参照适用，并积极推广绝缘杆作业法（短杆作业）在绝缘斗臂车的工作斗或其他绝缘平台如绝缘脚手架上的应用。

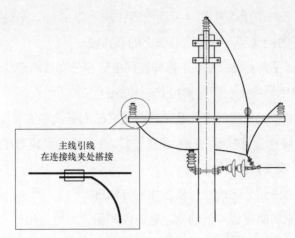

图3-4　绝缘杆作业法（登杆作业）带电接分支线路引线

下面以图3-4所示的直线分支杆（无熔断器，导线三角排列）为例说明其操作步骤：

本项目工作人员共计 4 人，人员分工为：工作负责人（兼工作监护人）1人、杆上电工2人、地面电工1人。

本项目现场作业阶段的操作步骤是：

（1）工作开始，进入带电作业区域，验电，设置绝缘遮蔽（隔离）措施。

1）获得工作负责人许可后，杆上电工穿戴好绝缘防护用，携带绝缘传递绳登杆至合适位置，在确保安全作业距离的前提下，按规定使用验电器按照"导线—绝缘子—横担—导线"的顺序进行验电，确认无漏电现象，使用绝缘操作杆挂好绝缘传递绳，开始现场作业工作。

2）杆上电工在地面电工的配合下，使用绝缘操作杆按照"从近到远、从下到上、先带电体后接地体"的遮蔽原则，以及"先两边相、再中间相"的遮蔽顺序，依次对不能满足安全距离的带电体（或接地体）进行绝缘遮蔽（隔离），包括安装分支引线之间的绝缘隔板（挡板）等。

（2）（测量引线长度）接分支线路引线。

方法：（在导线处）安装线夹法接分支线路引线。

1）杆上电工登至电杆合适位置使用绝缘测杆测量三分支线路相引线长度，

按照测量长度切断引线，同时剥除三相引线绝缘层并清除其上的氧化层。

2）杆上电工操作绝缘杆式导线剥皮器依次剥除三相分支线路引线连接线夹搭接处主导线的绝缘层，并清除导线上的氧化层。

3）杆上电工手持绝缘（双头）锁杆锁住中间相分支线路引线待搭接一端将其提升并固定在主导线上（距离横担 0.6～0.7m）。

4）杆上 2 号电工使用线夹安装工具将线夹套入引线和主导线连接处，杆上 1 号电工使用绝缘杆套筒扳手将线夹螺丝拧紧，分支线路引线与导线连接可靠牢固后撤除绝缘（双头）锁杆。

5）搭接其余两相分支线路引线按相同方法进行。

6）三相分支线路引线安装的顺序是先中间相、再两边相。

（3）工作完成，拆除绝缘遮蔽（隔离）措施，退出带电作业区域，工作结束。

1）杆上电工向工作负责人汇报确认本项工作已完成。

2）杆上电工在地面电工的配合下，使用绝缘操作杆按照"从远到近、从上到下、先接地体后带电体"的原则，以及"先中间相、再两边相"的顺序（与遮蔽相反），依次拆除绝缘遮蔽（隔离）用具。

3）检查杆上无遗留物后返回地面，杆上作业工作结束。

3.1.5 绝缘手套作业法（斗臂车作业）带电断熔断器上引线

按照 Q/GDW 10520《10kV 配网不停电作业规范》，本项目为第二类、简单绝缘手套作业法项目，如图 3-5 所示，适用于绝缘手套作业法+拆除线夹法（斗臂车作业）带电断熔断器上引线工作。生产中务必结合现场实际工况参照适用，并积极推广绝缘杆作业法（短杆作业）在绝缘斗臂车的工作斗或其他绝缘平台如绝缘脚手架上的应用。

下面以图 3-5 所示的变台杆（有熔断器，导线三角排列）为例说明其操作步骤：

本项目工作人员共计 4 人，人员分工为：工作负责人（兼工作监护人）1 人、斗内电工 2 人、地面电工 1 人。

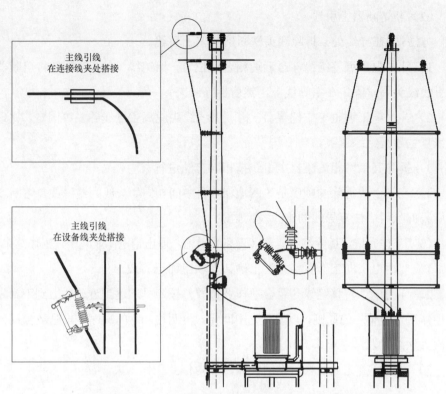

图 3-5　绝缘手套作业法（斗臂车作业）带电断熔断器上引线

本项目现场作业阶段的操作步骤是：

（1）工作开始，进入带电作业区域，验电，设置绝缘遮蔽（隔离）措施。

1）斗内作业人员穿戴好绝缘防护用具，经工作负责人检查合格后，进入绝缘斗并将安全带保险钩系挂在斗内专用挂钩上，斗内电工操作绝缘斗臂车进入带电作业区域，验电，准备开始现场作业。

2）获得工作负责人许可后，斗内电工调整绝缘斗至合适位置，按规定使用验电器按照"导线—绝缘子—横担—导线"的顺序进行验电，确认无漏电现象，开始现场作业工作。

3）斗内作业人员确认熔断器已断开，熔丝管已取下，在确保安全距离的前提下，按照"从近到远、从下到上、先带电体后接地体"的遮蔽原则，以及"先两边相、再中间相"的遮蔽顺序，依次对作业范围内不能满足安全距离的带电体（或接地体）进行绝缘遮蔽（隔离）。

（2）断熔断器上引线。

方法：（在导线处）拆除线夹法断熔断器上引线。

1）斗内电工调整绝缘斗至近边相合适位置，用绝缘（双头）锁杆将熔断器上引线线头临时固定在主导线上，然后拆除线夹。

2）斗内电工调整工作位置后，将上引线线头脱离主导线并妥善固定，完成后恢复主导线绝缘遮蔽。

3）拆除其余两相熔断器上引线按相同方法进行。

4）三相引线拆除的顺序是先两边相、再中间相。如导线为绝缘线，熔断器上引线拆除后应恢复导线的绝缘及密封。

（3）工作完成，拆除绝缘遮蔽（隔离）措施，退出带电作业区域，工作结束。

1）斗内电工向工作负责人汇报确认本项工作已完成。

2）斗内电工转移绝缘斗至合适作业位置，按照"从远到近、从上到下、先接地体后带电体"的原则，以及"先中间相、再两边相"的顺序（与遮蔽相反），依次拆除绝缘遮蔽（隔离）用具。

3）检查杆上无遗留物后返回地面，斗内作业工作结束。

3.1.6　绝缘手套作业法（斗臂车作业）带电接熔断器上引线

按照 Q/GDW 10520《10kV 配网不停电作业规范》，本项目为第二类、简单绝缘手套作业法项目，如图 3-6 所示，适用于绝缘手套作业法+安装线夹法（斗臂车作业）带电接熔断器上引线工作。生产中务必结合现场实际工况参照适用，并积极推广绝缘杆作业法（短杆作业）在绝缘斗臂车的工作斗或其他绝缘平台如绝缘脚手架上的应用。

下面以图 3-6 所示的变台杆（有熔断器，导线三角排列）为例说明其操作步骤：

本项目工作人员共计 4 人，人员分工为：工作负责人（兼工作监护人）1人、斗内电工 2 人、地面电工 1 人。

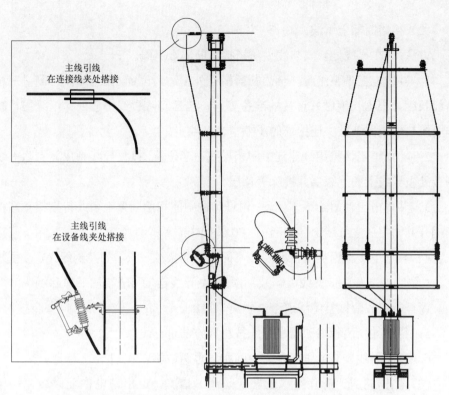

图 3-6　绝缘手套作业法（斗臂车作业）带电接熔断器上引线

本项目现场作业阶段的操作步骤是：

（1）工作开始，进入带电作业区域，验电，设置绝缘遮蔽（隔离）措施。

1）斗内作业人员穿戴好绝缘防护用具，经工作负责人检查合格后，进入绝缘斗并将安全带保险钩系挂在斗内专用挂钩上，斗内电工操作绝缘斗臂车进入带电作业区域，验电，准备开始现场作业。

2）获得工作负责人许可后，斗内电工调整绝缘斗至合适位置，按规定使用验电器按照："导线—绝缘子—横担—导线"的顺序进行验电，确认无漏电现象，开始现场作业工作。

3）斗内作业人员确认熔断器已断开，熔丝管已取下，在确保安全距离的前提下，按照"从近到远、从下到上、先带电体后接地体"的遮蔽原则，以及"先两边相、再中间相"的遮蔽顺序，依次对作业范围内不能满足安全距离的带电体（或接地体）进行绝缘遮蔽（隔离）。

（2）接熔断器上引线。

方法：（在导线处）安装线夹法搭接熔断器上引线。

1）斗内电工调整绝缘斗至熔断器横担外侧适当位置，用绝缘测杆测量三相引线长度，根据长度做好连接的准备工作，包括剥除引线搭接处的绝缘层，制作引线与熔断器上桩头连接处的压缩型设备线夹。

2）斗内电工调整绝缘斗到中间相导线适当位置，操作导线剥皮器剥除引线搭接处主导线上的绝缘层并清除氧化层。

3）斗内电工使用绝缘（双头）锁杆锁住中间相熔断器上引线待搭接一端将其提升并固定在主导线上（距离横担 0.6～0.7m）。

4）斗内电工根据实际情况安装不同类型的接续线夹（如并购线夹、C 型线夹、J 型线夹以及压接型线夹等），引线与主导线连接可靠牢固后撤除绝缘（双头）锁杆，完成后恢复绝缘遮蔽（隔离）措施。

5）搭接其余两相熔断器上引线按相同方法进行。

6）三相引线安装的顺序是先中间相、再两边相。

（3）工作完成，拆除绝缘遮蔽（隔离）措施，退出带电作业区域，工作结束。

1）斗内电工向工作负责人汇报确认本项工作已完成。

2）斗内电工转移绝缘斗至合适作业位置，按照"从远到近、从上到下、先接地体后带电体"的原则，以及"先中间相、再两边相"的顺序（与遮蔽相反），依次拆除绝缘遮蔽（隔离）用具。

3）检查杆上无遗留物后返回地面，斗内作业工作结束。

3.1.7　绝缘手套作业法（斗臂车作业）带电断分支线路引线

按照 Q/GDW 10520《10kV 配网不停电作业规范》，本项目为第二类、简单绝缘手套作业法项目，如图 3－7 所示，适用于绝缘手套作业法+拆除线夹法（斗臂车作业）带电断分支线路引线工作。生产中务必结合现场实际工况参照适用，并积极推广绝缘杆作业法（短杆作业）在绝缘斗臂车的工作斗或其他绝缘平台如绝缘脚手架上的应用。

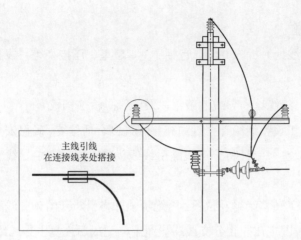

图3-7 绝缘手套作业法（斗臂车作业）带电断分支线路引线

下面以图3-7所示的直线分支杆（无熔断器，导线三角排列）为例说明其操作步骤：

本项目工作人员共计 4 人，人员分工为：工作负责人（兼工作监护人）1人、斗内电工2人、地面电工1人。

本项目现场作业阶段的操作步骤是：

（1）工作开始，进入带电作业区域，验电，设置绝缘遮蔽（隔离）措施。

1）斗内作业人员穿戴好绝缘防护用具，经工作负责人检查合格后，进入绝缘斗并将安全带保险钩系挂在斗内专用挂钩上，斗内电工操作绝缘斗臂车进入带电作业区域，验电，准备开始现场作业。

2）获得工作负责人许可后，斗内电工调整绝缘斗至合适位置，按规定使用验电器按照"导线—绝缘子—横担—导线"的顺序进行验电，确认无漏电现象；检测待断分支线路确已空载（空载电流不大于 5A），符合拆除条件，方可开始现场作业工作。

3）斗内作业人员在确保安全距离的前提下，按照"从近到远、从下到上、先带电体后接地体"的遮蔽原则，以及"先两边相、再中间相"的遮蔽顺序，依次对作业范围内不能满足安全距离的带电体（或接地体）进行绝缘遮蔽（隔离）。包括安装分支引线之间的绝缘隔板（挡板）等。

需要注意的是，主线路水平排列时，在中间相与遮蔽相导线间断分支线路引线时，需做好导线相间绝缘遮蔽（隔离）措施，以及做好防止断开的引线摆动的措施。

（2）（在导线处）拆除并沟（包括 J 型、C 型、压接型等）线夹法断分支线路引线。

遮蔽用具：绝缘毯和导线遮蔽罩以及绝缘隔板（挡板）。

1）斗内电工调整绝缘斗至近边相导线外侧合适位置，确保安全距离的前提下，用绝缘（双头）锁杆将分支线路引线线头临时固定在主导线上，然后拆除线夹。

2）斗内电工转移绝缘斗位置，用绝缘锁杆将已断开的分支线路引线线头脱离主导线，临时固定在同相分支线路导线上，完成后恢复主导线绝缘遮蔽。

需要注意的是，如分支线路引线断开后不需要恢复，可在支线耐张线夹处剪断，并做好防止断开的引线摆动的措施。

3）拆除其余两相分支线路引线按相同方法进行。

4）三相引线拆除的顺序是先两边相、再中间相。如导线为绝缘线，引线拆除后应恢复导线的绝缘及密封。

（3）工作完成，拆除绝缘遮蔽（隔离）措施，退出带电作业区域，工作结束。

1）斗内电工向工作负责人汇报确认本项工作已完成。

2）斗内电工转移绝缘斗至合适作业位置，按照"从远到近、从上到下、先接地体后带电体"的原则，以及"先中间相、再两边相"的顺序（与遮蔽相反），依次拆除绝缘遮蔽（隔离）用具。

3）检查杆上无遗留物后返回地面，斗内作业工作结束。

3.1.8 绝缘手套作业法（斗臂车作业）带电接分支线路引线

按照 Q/GDW 10520《10kV 配网不停电作业规范》，本项目为第二类、简单绝缘手套作业法项目，如图 3-8 所示，适用于绝缘手套作业法+安装线夹法（斗臂车作业）带电接分支线路引线工作。生产中务必结合现场实际工况参照适用，并积极推广绝缘杆作业法（短杆作业）在绝缘斗臂车的工作斗或其他绝缘平台如绝缘脚手架上的应用。

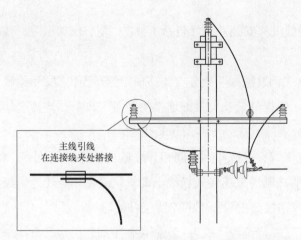

图 3−8　绝缘手套作业法（斗臂车作业）带电接分支线路引线

下面以图 3−8 所示的直线分支杆（无熔断器，导线三角排列）为例说明其操作步骤：

本项目工作人员共计 4 人，人员分工为：工作负责人（兼工作监护人）1人、斗内电工 2 人、地面电工 1 人。

本项目现场作业阶段的操作步骤是：

（1）工作开始，进入带电作业区域，验电，设置绝缘遮蔽（隔离）措施。

1）斗内作业人员穿戴好绝缘防护用具，经工作负责人检查合格后，进入绝缘斗并将安全带保险钩系挂在斗内专用挂钩上，斗内电工操作绝缘斗臂车进入带电作业区域，验电，准备开始现场作业。

2）获得工作负责人许可后，斗内电工调整绝缘斗至合适位置，按规定使用验电器按照"导线—绝缘子—横担—导线"的顺序进行验电，确认无漏电现象；检查确认待接分支线路引线已空载且无接地情况，符合送电条件，方可开始现场作业工作。

3）斗内作业人员在确保安全距离的前提下，按照"从近到远、从下到上、先带电体后接地体"的遮蔽原则，以及"先两边相、再中间相"的遮蔽顺序，依次对作业范围内不能满足安全距离的带电体（或接地体）进行绝缘遮蔽（隔离）。

需要注意的是，主线路水平排列时，在中间相与遮蔽相导线间断分支线路引线时，需做好导线相间绝缘遮蔽（隔离）措施，以及做好防止断开的引线摆动的措施。

（2）（在导线处）安装并沟（包括 J 型、C 型、压接型等）线夹法接分支线路引线。

1）斗内电工调整绝缘斗至分支线路横担侧适当位置，用绝缘测杆测量三相待接引线长度，根据测量长度做好连接的准备工作。如待接引线为绝缘线，应在引线断头部分剥除绝缘外皮并清除氧化层。

2）斗内电工调整绝缘斗到中间相导线适当位置，以最小范围打开中相绝缘遮蔽，用导线清扫刷清楚连接处导线上的氧化层。如导线为绝缘线，操作导线剥皮器剥除引线搭接处主导线上的绝缘层并清除氧化层。

3）斗内电工使用绝缘（双头）锁杆锁住中间相引线待搭接一端将其提升并固定在主导线上（距离横担 0.6～0.7m）。

4）斗内电工根据实际情况安装不同类型的接续线夹（如并购线夹、C 型线夹、J 型线夹以及压接型线夹等），引线与主导线连接可靠牢固后撤除绝缘（双头）锁杆，完成后恢复绝缘遮蔽（隔离）措施。

5）搭接其余两相分支线路引线按相同方法进行。

6）三相引线安装的顺序是先中间相、再两边相。

（3）工作完成，拆除绝缘遮蔽（隔离）措施，退出带电作业区域，工作结束。

1）斗内电工向工作负责人汇报确认本项工作已完成。

2）斗内电工转移绝缘斗至合适作业位置，按照"从远到近、从上到下、先接地体后带电体"的原则，以及"先中间相、再两边相"的顺序（与遮蔽相反），依次拆除绝缘遮蔽（隔离）用具。

3）检查杆上无遗留物后返回地面，斗内作业工作结束。

3.1.9　绝缘手套作业法（斗臂车作业）带电断空载电缆线路引线

按照 Q/GDW 10520《10kV 配网不停电作业规范》，本项目为第三类、复杂绝缘手套作业法项目，如图 3－9 所示，适用于绝缘手套作业法+拆除线夹法（斗臂车作业）+消弧开关带电断空载电缆线路引线工作。生产中务必结合现场实际工况参照适用，并积极推广绝缘杆作业法（短杆作业）在绝缘斗臂车的工作斗或其他绝缘平台如绝缘脚手架上的应用。

下面以图 3－9 所示的电缆引下杆（经支柱型避雷器，导线三角排列）为例说明其操作步骤：

本项目工作人员共计 4 人，人员分工为：工作负责人（兼工作监护人）1 人、斗内电工 2 人、地面电工 1 人。

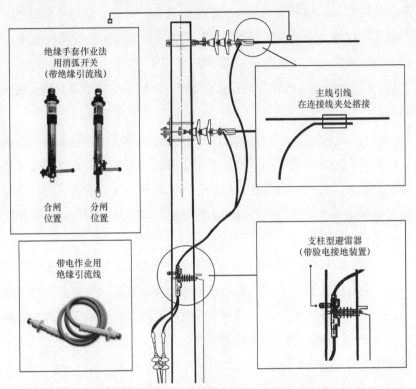

图 3-9　绝缘手套作业法（斗臂车作业）带电断空载电缆线路引线

本项目现场作业阶段的操作步骤是：

（1）工作开始，进入带电作业区域，验电，设置绝缘遮蔽（隔离）措施。

1）斗内作业人员穿戴好绝缘防护用具，经工作负责人检查合格后，进入绝缘斗并将安全带保险钩系挂在斗内专用挂钩上，斗内电工操作绝缘斗臂车进入带电作业区域，验电，准备开始现场作业。

2）获得工作负责人许可后，斗内电工调整绝缘斗至合适位置，按规定使用验电器按照"导线—绝缘子—横担—电缆过渡支架—电杆"的顺序进行验电，确认无漏电现象；使用电流检测仪测量三相电缆引线空载电流（每相空载电流不大于 5A），确认电缆处于空载状态，方可开始现场作业工作。

3）斗内电工在确保安全距离的前提下，按照"从近到远、从下到上、先带电体后接地体"的遮蔽原则，以及"先两边相、再中间相"的遮蔽顺序，依次对不能满足安全距离的带电体（或接地体）进行绝缘遮蔽（隔离），包括用导线遮蔽罩对近边相、远边相和中相导线的绝缘遮蔽，以及安装电缆引线之间的相间绝缘隔板（挡板）以及支柱型避雷器与横担间的绝缘隔板（挡板）等。

（2）安装消弧开关，断空载电缆引线。

方法：（在导线处）拆除并沟（包括 J 型、C 型、压接型等）线夹法断空载电缆引线。

1）斗内电工调整绝缘斗至近边相导线外侧合适位置，在确保安全距离的前提下，检查确认消弧开关在断开位置并闭锁后，将消弧开关挂接到近边相架空导线合适位置上，完成后恢复挂接处的绝缘遮蔽（隔离）措施。如导线为绝缘线，应先剥除导线上消弧开关挂接处的绝缘层，消弧开关拆除后恢复导线的绝缘及密封。

2）斗内电工转移绝缘斗至消弧开关外侧合适位置，将带电作业用绝缘引流线的一端线夹与消弧开关下端的横向导电杆连接可靠后，在将绝缘引流线的另一端线夹与同相电缆终端接线端子上（即电缆过渡支架处电缆终端与过渡引线的连接部位），或直接连接到支柱型避雷器的验电（接地）导电杆上，完成后逐点恢复绝缘遮蔽（隔离）措施。

3）斗内电工检查无误后取下安全销钉，用绝缘操作杆合上消弧开关并插入安全销钉，用电流检测仪测量电缆引线电流，确认分流正常，汇报给工作负责人。

4）斗内电工使用绝缘（双头）锁杆将待断开的空载电缆引线与主导线可靠固定后，在架空导线处拆除线夹，并妥善固定拆开的引线，完成后恢复绝缘遮蔽（隔离）措施（包括引线接头处绝缘遮蔽）。

5）斗内电工用绝缘操作杆断开消弧开关，插入安全销钉并确认。

6）斗内电工从电缆过渡支架和消弧开关导电杆处拆除绝缘引流线线夹后，将消弧开关从近边相架空导线上取下，拆除绝缘引流线后，将消弧开关整体从架空导线上取下（若导线为绝缘线应恢复导线的绝缘及密封），完成后恢复绝缘遮蔽（隔离）措施，该相工作结束。

7）拆除其余两相空载电缆引线按相同方法进行。

8）三相空载电缆引线拆除的顺序是先两边相、再中间相。如导线为绝缘线，空载电缆引线拆除后应恢复导线的绝缘及密封。

（3）工作完成，拆除绝缘遮蔽（隔离）措施，退出带电作业区域，工作结束。

1）斗内电工向工作负责人汇报确认本项工作已完成。

2）斗内电工转移绝缘斗至合适作业位置，按照"从远到近、从上到下、先接地体后带电体"的原则，以及"先中间相、再两边相"的顺序（与遮蔽相反），依次拆除绝缘遮蔽（隔离）用具。

3）检查杆上无遗留物后返回地面，斗内作业工作结束。

3.1.10　绝缘手套作业法（斗臂车作业）带电接空载电缆线路引线

按照 Q/GDW 10520《10kV 配网不停电作业规范》，本项目为第三类、复杂绝缘手套作业法项目，如图 3-10 所示，适用于绝缘手套作业法+安装线夹法（斗臂车作业）+消弧开关带电接空载电缆线路引线工作。生产中务必结合现场实际工况参照适用，并积极推广绝缘杆作业法（短杆作业）在绝缘斗臂车的工作斗或其他绝缘平台如绝缘脚手架上的应用。

下面以图 3-10 所示的电缆引下杆（经支柱型避雷器，导线三角排列）为例说明其操作步骤：

本项目工作人员共计 4 人，人员分工为：工作负责人（兼工作监护人）1人、斗内电工 2 人、地面电工 1 人。

本项目现场作业阶段的操作步骤是：

（1）工作开始，进入带电作业区域，验电，设置绝缘遮蔽（隔离）措施。

1）斗内作业人员穿戴好绝缘防护用具，经工作负责人检查合格后，进入绝缘斗并将安全带保险钩系挂在斗内专用挂钩上，斗内电工操作绝缘斗臂车进入带电作业区域，验电，准备开始现场作业。

2）获得工作负责人许可后，斗内电工调整绝缘斗至合适位置，按规定使用验电器按照"导线—绝缘子—横担—电缆过渡支架—电杆"的顺序进行验电，确认无漏电现象；使用绝缘电阻检测仪检查确认待接入电缆线路确已空载且无接地，符合送电条件，方可开始现场作业工作。

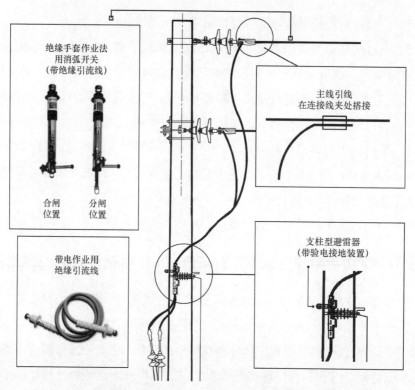

图 3-10　绝缘手套作业法（斗臂车作业）带电接空载电缆线路引线

3）斗内电工在确保安全距离的前提下，按照"从近到远、从下到上、先带电体后接地体"的遮蔽原则，以及"先两边相、再中间相"的遮蔽顺序，依次对不能满足安全距离的带电体（或接地体）进行绝缘遮蔽（隔离），包括用导线遮蔽罩对近边相、远边相和中相导线的绝缘遮蔽，以及安装电缆引线之间的相间绝缘隔板（挡板）以及支柱型避雷器与横担间的绝缘隔板（挡板）等。

（2）安装消弧开关，搭接空载电缆引线。

需要注意的是，本项作业除采用下述的采用绝缘斗臂车上进行绝缘手套作业法作业时，也可在绝缘斗臂车上采用绝缘杆作业法进行作业，其操作方法相同。

方法：（在导线处）安装并沟（包括 J 型、C 型、压接型等）线夹法接空载电缆引线。

1）斗内电工调整绝缘斗至中间相导线外侧合适位置，确保安全距离的前提下，检查确认消弧开关在断开位置并闭锁后，将消弧开关挂接到中间相架空导线合适位置上，完成后恢复挂接处的绝缘遮蔽（隔离）措施。如导线为绝缘线，应先剥除导线上消弧开关挂接处的绝缘层，消弧开关拆除后恢复导线的绝缘及密封。

2）斗内电工转移绝缘斗至消弧开关合适位置，将带电作业用绝缘引流线的一端线夹与消弧开关下端的横向导电杆连接可靠后，在将绝缘引流线的另一端线夹与同相电缆终端接线端子上（即电缆过渡支架处电缆终端与过渡引线的连接部位），或直接连接到支柱型避雷器的验电（接地）导电杆上，完成后逐点恢复绝缘遮蔽（隔离）措施。

3）斗内电工检查无误后取下安全销钉，用绝缘操作杆合上消弧开关并插入安全销钉，用电流检测仪测量电缆引线电流，确认分流正常，汇报给工作负责人。

4）斗内电工使用绝缘（双头）锁杆将待搭接的空载电缆引线与主导线可靠固定后，在架空导线处安装线夹完成后恢复绝缘遮蔽（隔离）措施（包括引线接头处绝缘遮蔽）。

5）斗内电工用绝缘操作杆断开消弧开关，插入安全销钉并确认。

6）斗内电工从电缆过渡支架和消弧开关导电杆处拆除绝缘引流线线夹后，将消弧开关从近边相架空导线上取下；拆除绝缘引流线后，将消弧开关整体从架空导线上取下（若导线为绝缘线应恢复导线的绝缘及密封），完成后恢复绝缘遮蔽（隔离）措施，该相工作结束。

7）搭接其余两相空载电缆引线按相同方法进行。

8）三相空载电缆引线安装的顺序是先中间相、再两边相。

（3）工作完成，拆除绝缘遮蔽（隔离）措施，退出带电作业区域，工作结束。

1）斗内电工向工作负责人汇报确认本项工作已完成。

2）斗内电工转移绝缘斗至合适作业位置，按照"从远到近、从上到下、先接地体后带电体"的原则，以及"先中间相、再两边相"的顺序（与遮蔽相反），依次拆除绝缘遮蔽（隔离）用具。

3）检查杆上无遗留物后返回地面，斗内作业工作结束。

3.1.11 绝缘手套作业法（斗臂车作业）带电断耐张线路引线

按照 Q/GDW 10520《10kV 配网不停电作业规范》，本项目为第二类、简单绝缘手套作业法项目，如图 3–11 所示，适用于绝缘手套作业法+拆除线夹法（斗臂车作业）带电断耐张线路引线工作。生产中务必结合现场实际工况参照适用，并积极推广绝缘杆作业法（短杆作业）在绝缘斗臂车的工作斗或其他绝缘平台如绝缘脚手架上的应用。

下面以图 3–11 所示的直线耐张杆（导线三角排列）为例说明其操作步骤：

本项目工作人员共计 4 人，人员分工为：工作负责人（兼工作监护人）1 人、斗内电工 2 人、地面电工 1 人。

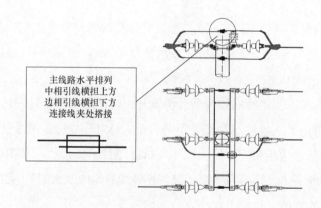

瓷拉棒绝缘子连接方式

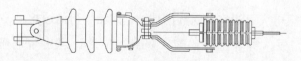

悬式绝缘子连接方式

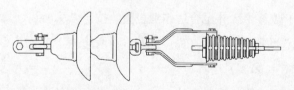

图 3–11 绝缘手套作业法（斗臂车作业）带电断耐张线路引线

本项目现场作业阶段的操作步骤是：

（1）工作开始，进入带电作业区域，验电，设置绝缘遮蔽（隔离）措施。

1）斗内作业人员穿戴好绝缘防护用具，经工作负责人检查合格后，进入绝缘斗并将安全带保险钩系挂在斗内专用挂钩上，斗内电工操作绝缘斗臂车进入带电作业区域，验电，准备开始现场作业。

2）获得工作负责人许可后，斗内电工调整绝缘斗至合适位置，按规定使用验电器按照"导线—绝缘子—横担—导线"的顺序进行验电，确认无漏电现象；检测待断耐张线路引线确已空载（空载电流不大于 5A），符合拆除条件，方可开始现场作业工作。

3）斗内作业人员在确保安全距离的前提下，按照"从近到远、从下到上、先带电体后接地体"的遮蔽原则，以及"先两边相、再中间相"的遮蔽顺序，依次对作业范围内不能满足安全距离的带电体（或接地体）进行绝缘遮蔽（隔离）。包括安装耐张引线之间的绝缘隔板（挡板）等。

需要注意的是，主线路水平排列时，在中间相与遮蔽相导线间断耐张线路引线时，需做好导线相间绝缘遮蔽（隔离）措施，以及做好防止断开的引线摆动的措施。

（2）（在导线处）拆除并沟（包括 J 型、C 型、压接型等）线夹法，断耐张线路引线。

遮蔽用具：绝缘毯、导线（引流线）遮蔽罩以及绝缘隔板（挡板）。

1）斗内电工调整绝缘斗至近边相导线外侧合适位置，确保安全距离的前提下，用绝缘（双头）锁杆临时固定引线后拆除接续线夹。

2）斗内电工转移绝缘斗位置，将已断开的耐张杆引流线线头脱离电源侧带电导线，临时固定在同相负荷侧导线上，完成后恢复绝缘遮蔽（隔离）措施。

需要注意的是，如断开的耐张线路引线不需要恢复，可在电源侧耐张线夹外 200mm 处剪断。

3）拆除其余两相耐张线路引线按相同方法进行。

4）三相引线拆除的顺序是先两边相、再中间相。如导线为绝缘线，引线拆除后应恢复导线的绝缘及密封。

（3）工作完成，拆除绝缘遮蔽（隔离）措施，退出带电作业区域，工作结束。

1）斗内电工向工作负责人汇报确认本项工作已完成。

2）斗内电工转移绝缘斗至合适作业位置，按照"从远到近、从上到下、先接地体后带电体"的原则，以及"先中间相、再两边相"的顺序（与遮蔽相反），依次拆除绝缘遮蔽（隔离）用具。

3）检查杆上无遗留物后返回地面，斗内作业工作结束。

3.1.12 绝缘手套作业法（斗臂车作业）带电接耐张线路引线

按照 Q/GDW 10520《10kV 配网不停电作业规范》，本项目为第二类、简单绝缘手套作业法项目，如图 3-12 所示，适用于绝缘手套作业法+安装线夹法（斗臂车作业）带电接耐张线路引线工作。生产中务必结合现场实际工况参照适用，并积极推广绝缘杆作业法（短杆作业）在绝缘斗臂车的工作斗或其他绝缘平台如绝缘脚手架上的应用。

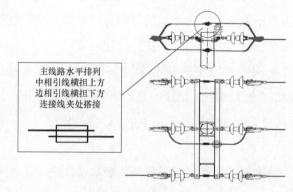

主线路水平排列
中相引线横担上方
边相引线横担下方
连接线夹处搭接

瓷拉棒绝缘子连接方式

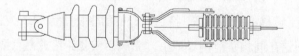

悬式绝缘子连接方式

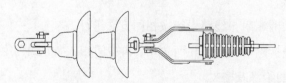

图 3-12 绝缘手套作业法（斗臂车作业）带电接耐张线路引线

下面以图 3-12 所示的直线耐张杆（导线三角排列）为例说明其操作步骤：

本项目工作人员共计 4 人，人员分工为：工作负责人（兼工作监护人）1 人、斗内电工 2 人、地面电工 1 人。

本项目现场作业阶段的操作步骤是：

（1）工作开始，进入带电作业区域，验电，设置绝缘遮蔽（隔离）措施。

1）斗内作业人员穿戴好绝缘防护用具，经工作负责人检查合格后，进入绝缘斗并将安全带保险钩系挂在斗内专用挂钩上，斗内电工操作绝缘斗臂车进入带电作业区域，验电，准备开始现场作业。

2）获得工作负责人许可后，斗内电工调整绝缘斗至合适位置，按规定使用验电器按照"导线—绝缘子—横担—导线"的顺序进行验电，确认无漏电现象；检查确认待接耐张线路引线已空载且无接地情况，符合送电条件，方可开始现场作业工作。

3）斗内作业人员在确保安全距离的前提下，按照"从近到远、从下到上、先带电体后接地体"的遮蔽原则，以及"先两边相、再中间相"的遮蔽顺序，依次对作业范围内不能满足安全距离的带电体（或接地体）进行绝缘遮蔽（隔离）。包括安装耐张引线之间的绝缘隔板（挡板）等。

需要注意的是，主线路水平排列时，在中间相与遮蔽相导线间断耐张线路引线时，需做好导线相间绝缘遮蔽（隔离）措施，以及做好防止断开的引线摆动的措施。

（2）（在导线处）安装并沟（包括 J 型、C 型、压接型等）线夹法，搭接耐张线路引线。

1）斗内电工调整绝缘斗至分支线路横担侧适当位置，用绝缘测杆测量三相待接引线长度，根据测量长度做好连接的准备工作。

2）斗内电工调整绝缘斗到中间相导线适当位置，以最小范围打开中相绝缘遮蔽，用导线清扫刷清楚连接处导线上的氧化层。如导线为绝缘线，操作导线剥皮器剥除引线搭接处主导线上的绝缘层并清除氧化层。

3）斗内电工将绝缘斗调整至线路无电侧，将中间相无电侧引线固定在支持绝缘子上并恢复绝缘遮蔽（隔离）措施。

4）斗内电工将绝缘斗调整至中间相带电侧导线适当位置，打开待接处绝缘遮蔽，搭接中间相引线，安装接续线夹（包括并购线夹、C 型线夹、J 型线夹以及压接型线夹等），连接牢固后撤除绝缘（双头）锁杆，恢复接续线夹处的绝缘及密封后，恢复绝缘遮蔽（隔离）措施。如导线（引线）为绝缘线，应先剥除绝缘外皮再清除连接处导线（引线）上的氧化层。

5）搭接其余两相耐张线路上引线按相同方法进行。

6）三相引线安装的顺序是先中间相、再两边相。

（3）工作完成，拆除绝缘遮蔽（隔离）措施，退出带电作业区域，工作结束。

1）斗内电工向工作负责人汇报确认本项工作已完成。

2）斗内电工转移绝缘斗至合适作业位置，按照"从远到近、从上到下、先接地体后带电体"的原则，以及"先中间相、再两边相"的顺序（与遮蔽相反），依次拆除绝缘遮蔽（隔离）用具。

3）检查杆上无遗留物后返回地面，斗内作业工作结束。

3.2 配电线路更换"元件类"项目

3.2.1 绝缘手套作业法（斗臂车作业）带电更换直线杆绝缘子

按照 Q/GDW 10520《10kV 配网不停电作业规范》，本项目为第二类、简单绝缘手套作业法项目，如图 3–13 所示，适用于绝缘手套作业法+"绝缘小吊臂法提升导线"（斗臂车作业）更换直线杆绝缘子工作。生产中务必结合现场实际工况参照适用。

下面以图 3–13 所示的直线杆（导线三角排列）为例说明其操作步骤：

本项目工作人员共计 4 人，人员分工为：工作负责人（兼工作监护人）1人、斗内电工 2 人、地面电工 1 人。

现场作业阶段的操作步骤是：

（1）工作开始，进入带电作业区域，验电，设置绝缘遮蔽（隔离）措施。

1）斗内作业人员穿戴好绝缘防护用具，经工作负责人检查合格后，进入绝缘斗并将安全带保险钩系挂在斗内专用挂钩上，斗内电工操作绝缘斗臂车进入带电作业区域，验电，准备开始现场作业。

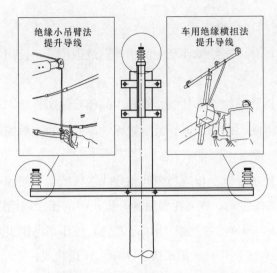

图3-13　绝缘手套作业法（斗臂车作业）带电更换直线杆绝缘子

2）获得工作负责人许可后，斗内电工调整绝缘斗至合适位置，按规定使用验电器按照"导线—绝缘子—横担—导线"的顺序进行验电，确认无漏电现象，开始现场作业工作。

3）斗内作业人员在确保安全距离的前提下，按照"从近到远、从下到上、先带电体后接地体"的遮蔽原则，以及"先两边相、再中间相"的遮蔽顺序，依次对作业范围内不能满足安全距离的带电体（或接地体）进行绝缘遮蔽（隔离），包括导线、绝缘子、横担等。更换中间相绝缘子应将三相导线、横担及杆顶部分进行绝缘遮蔽。

（2）提升导线，更换直线杆绝缘子。

1）斗内电工调整绝缘斗至远边相外侧适当位置，使用绝缘小吊绳在铅垂线上固定导线。

2）斗内电工拆除绝缘子绑扎线，提升远边相导线至横担不小于0.4m处。

3）斗内电工拆除旧绝缘子，安装新绝缘子，并对新安装绝缘子和横担设置绝缘遮蔽（隔离）措施。

4）斗内电工使用绝缘小吊绳将远边相导线缓缓放入新绝缘子顶槽内，使用盘成小盘的帮扎线固定后，恢复绝缘遮蔽。更换远边相直线绝缘子工作结束。

5）近边相绝缘子的更换按相同方法进行。

6）更换中间相直线绝缘子：

a. 斗内电工转移调整绝缘斗至中间相外侧适当位置，使用绝缘小吊绳在铅垂线上固定导线。

b. 斗内电工拆除绝缘子绑扎线，提升中间相导线至杆顶不小于 0.4m 处。

c. 斗内电工拆除旧绝缘子，安装新绝缘子，并对新安装绝缘子和横担设置绝缘遮蔽（隔离）措施。

d. 斗内电工使用绝缘小吊绳将中间相导线缓缓放入新绝缘子顶槽内，使用盘成小盘的帮扎线固定后，恢复绝缘遮蔽。更换中间相直线绝缘子工作结束。

（3）工作完成，拆除绝缘遮蔽（隔离）措施，退出带电作业区域，工作结束。

1）斗内电工向工作负责人汇报确认本项工作已完成。

2）斗内电工转移绝缘斗至合适作业位置，按照"从远到近、从上到下、先接地体后带电体"的原则，以及"先中间相、再两边相"的顺序（与遮蔽相反），依次拆除绝缘遮蔽（隔离）用具。

3）检查杆上无遗留物后返回地面，斗内作业工作结束。

3.2.2 绝缘手套作业法（斗臂车作业）带电更换直线杆绝缘子及横担

按照 Q/GDW 10520《10kV 配网不停电作业规范》，本项目为第二类、简单绝缘手套作业法项目，如图 3-14 所示，适用于绝缘手套作业法+绝缘横担+"绝缘小吊臂法提升导线"（斗臂车作业）更换直线杆绝缘子及横担工作。生产中务必结合现场实际工况参照适用。

下面以图 3-14 所示的直线杆（导线三角排列）为例说明其操作步骤：

本项目工作人员共计 4 人，人员分工为：工作负责人（兼工作监护人）1人、斗内电工 2 人、地面电工 1 人。

本项目现场作业阶段的操作步骤是：

（1）工作开始，进入带电作业区域，验电，设置绝缘遮蔽（隔离）措施。

1）斗内作业人员穿戴好绝缘防护用具，经工作负责人检查合格后，进入绝缘斗并将安全带保险钩系挂在斗内专用挂钩上，斗内电工操作绝缘斗臂车进入带电作业区域，验电，准备开始现场作业。

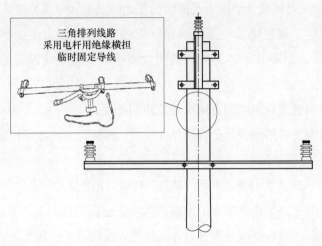

图 3-14　绝缘手套作业法（斗臂车作业）带电更换直线杆绝缘子及横担

2）获得工作负责人许可后，斗内电工调整绝缘斗至合适位置，按规定使用验电器按照"导线—绝缘子—横担—导线"的顺序进行验电，确认无漏电现象，开始现场作业工作。

3）斗内作业人员在确保安全距离的前提下，按照"从近到远、从下到上、先带电体后接地体"的遮蔽原则，以及"先两边相、再中间相"的遮蔽顺序，依次对作业范围内不能满足安全距离的带电体（或接地体）进行绝缘遮蔽（隔离），包括导线、绝缘子、横担等。

（2）提升导线。

方法：导线呈三角排列的线路，采用电杆用绝缘横担法临时固定导线。

1）斗内电工调整绝缘斗至相间合适位置，在电杆上高出横担约 0.4m 的位置安装绝缘横担。

2）斗内电工调整绝缘斗至近边相外侧适当位置，使用绝缘小吊绳在铅垂线上固定导线。

3）斗内电工拆除绝缘子绑扎线，提升近边相导线置于绝缘横担上的固定槽内可靠固定。

4）按照相同的方法将远边相导线置于绝缘横担的固定槽内并可靠固定。

（3）更换直线杆绝缘子及横担。

1）斗内电工转移绝缘斗至合适作业位置，拆除旧绝缘子及横担，安装新绝缘子及横担，并对新安装绝缘子及横担设置绝缘遮蔽（隔离）措施。

2）斗内电工调整绝缘斗至远边相外侧适当位置，使用绝缘小吊绳将远边相导线缓缓放入新绝缘子顶槽内，使用盘成小盘的帮扎线固定后，恢复绝缘遮蔽。

3）按照与远边相相同的方法固定近边相导线。

4）斗内电工转移绝缘斗至合适作业位置，拆除杆上绝缘横担，更换直线杆绝缘子及横担工作结束。

（4）工作完成，拆除绝缘遮蔽（隔离）措施，退出带电作业区域，工作结束。

1）斗内电工向工作负责人汇报确认本项工作已完成。

2）斗内电工转移绝缘斗至合适作业位置，按照"从远到近、从上到下、先接地体后带电体"的原则，以及"先中间相、再两边相"的顺序（与遮蔽相反），依次拆除绝缘遮蔽（隔离）用具。

3）检查杆上无遗留物后返回地面，斗内作业工作结束。

3.2.3 绝缘手套作业法（斗臂车作业）带电更换耐张杆绝缘子串

按照 Q/GDW 10520《10kV 配网不停电作业规范》，本项目为第二类、简单绝缘手套作业法项目，如图 3－15 所示，适用于绝缘手套作业法"（斗臂车作业）更换耐张杆绝缘子串工作。生产中务必结合现场实际工况参照适用。

下面以图 3－15 所示的直线耐张杆（导线三角排列）为例说明其操作步骤：本项目工作人员共计 4 人，人员分工为：工作负责人（兼工作监护人）1人、斗内电工 2 人、地面电工 1 人。

本项目现场作业阶段的操作步骤是：

（1）工作开始，进入带电作业区域，验电，设置绝缘遮蔽（隔离）措施。

1）斗内作业人员穿戴好绝缘防护用具，经工作负责人检查合格后，进入绝缘斗并将安全带保险钩系挂在斗内专用挂钩上，斗内电工操作绝缘斗臂车进入带电作业区域，验电，准备开始现场作业。

2）获得工作负责人许可后，斗内电工调整绝缘斗至合适位置，按规定使用验电器按照"导线—绝缘子—横担—导线"的顺序进行验电，确认无漏电现象，开始现场作业工作。

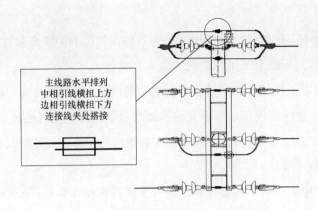

主线路水平排列
中相引线横担上方
边相引线横担下方
连接线夹处搭接

瓷拉棒绝缘子连接方式

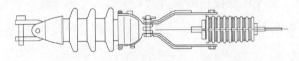

悬式绝缘子连接方式

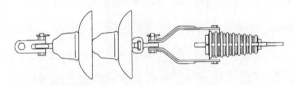

图3-15　绝缘手套作业法（斗臂车作业）带电更换耐张杆绝缘子串

3）斗内作业人员在确保安全距离的前提下，按照"从近到远、从下到上、先带电体后接地体"的遮蔽原则，以及"先两边相、再中间相"的遮蔽顺序，依次对作业范围内不能满足安全距离的带电体（或接地体）进行绝缘遮蔽（隔离），包括导线、引流线、耐张线夹、绝缘子及横担等。

需要注意的是，本项目采用逐相更换耐张绝缘子串，若更换中间相耐张绝缘子串时，需对边相导线绝缘遮蔽（隔离）后方可进行更换。

（2）安装绝缘紧线器及后备保护绳，更换耐张杆绝缘子串。

1）斗内电工至近边相导线外侧合适位置，在确保安全距离的前提下，将绝缘绳套可靠固定在耐张横担上（或绝缘拉杆、绝缘联板安装在耐张横担上），相互配合安装绝缘紧线器并缓慢收紧导线，直至耐张绝缘子串处在合适的松弛状态。

2）斗内电工在紧线器外侧加装作为后备保护用的绝缘绳套并拉紧固定，完成后恢复横担及导线上的绝缘遮蔽（隔离）措施。

3）斗内电工托起已绝缘遮蔽好的耐张绝缘子，将耐张线夹与耐张绝缘子连接螺栓拔除，使两者脱离后，恢复耐张线夹处的绝缘遮蔽（隔离）。

4）斗内电工拆除旧耐张绝缘子，安装新耐张绝缘子，对新安装耐张绝缘子进行绝缘遮蔽（隔离）措施。

5）斗内电工将耐张线夹与耐张绝缘子连接螺栓安装好，确认连接可靠后恢复绝缘遮蔽（隔离）措施。

6）斗内电工松开绝缘保护绳套并放松紧线器，使绝缘子受力后，拆下紧线器、后备保护绳套及绝缘绳套（或绝缘联板），恢复导线侧的绝缘遮蔽（隔离）措施。

7）更换其余两相耐张绝缘子串按相同方法进行。

8）三相耐张绝缘子串更换的顺序是先两边相、再中间相。

（3）工作完成，拆除绝缘遮蔽（隔离）措施，退出带电作业区域，工作结束。

1）斗内电工向工作负责人汇报确认本项工作已完成。

2）斗内电工转移绝缘斗至合适作业位置，按照"从远到近、从上到下、先接地体后带电体"的原则，以及"先中间相、再两边相"的顺序（与遮蔽相反），依次拆除绝缘遮蔽（隔离）用具。

3）检查杆上无遗留物后返回地面，斗内作业工作结束。

3.3 配电线路更换"电杆类"项目

3.3.1 绝缘手套作业法（斗臂车作业）带电组立直线杆

按照 Q/GDW 10520《10kV 配网不停电作业规范》，本项目为第三类、复杂绝缘手套作业法项目，如图 3-16 所示，适用于绝缘手套作业法+专用吊杆支撑导线法（斗臂车和吊车作业）带电组立直线杆工作。生产中务必结合现场实际工况参照适用。

下面以图3-16所示的直线杆（导线三角排列）为例说明其操作步骤：

本项目工作人员共计 8 人，人员分工为：工作负责人（兼工作监护人）1人、斗内电工2人，杆上电工1人，地面电工2人，吊车指挥1名，吊车操作人员1名。

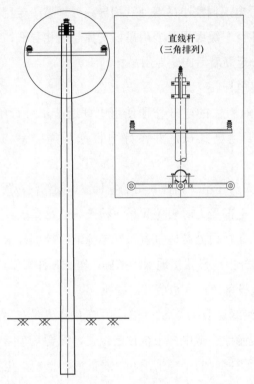

直线杆
（三角排列）

图3-16 绝缘手套作业法（斗臂车作业）带电组立直线杆

本项目现场作业阶段的操作步骤是：

（1）工作开始，进入带电作业区域，验电，设置绝缘遮蔽（隔离）措施。

1）斗内作业人员（1号、2号斗臂车斗内电工）穿戴好绝缘防护用具，经工作负责人检查合格后，进入绝缘斗并将安全带保险钩系挂在斗内专用挂钩上，斗内电工操作绝缘斗臂车进入带电作业区域，验电，准备开始现场作业。

2）斗内1号电工（1号绝缘斗臂车斗内电工，下同）转移绝缘斗至近边相导线外侧合适位置，使用导线遮蔽罩依次对作业中可能触及的近边相、远边相和中间相带电导线进行绝缘遮蔽（隔离），架空导线上的绝缘遮蔽（隔离）长度要适当延长，以确保组立电杆时不触及带电导线。

（2）（导线提升专用吊杆）支撑导线。

1）斗内 2 号电工（2 号绝缘斗臂车斗内电工，下同）在地面电工配合下，在小吊臂上组装导线提升专用吊杆后，返回导线下准备支撑导线。

2）斗内 2 号电工调整小吊臂使三相导线分别置于专用吊杆上的吊钩内并锁好保险，操作斗臂车缓缓提升专用吊杆支撑起三相导线，调整小吊臂缓慢将三相导线提升到一定高度后固定专用吊杆。

（3）组立直线电杆。

1）地面电工对组立的电杆杆顶使用电杆遮蔽罩进行绝缘遮蔽（隔离），其绝缘遮蔽长度要适当延长，并系好电杆起吊绳（吊点在电杆地上部分 1/2 处）。

2）吊车操作人员在吊车指挥人员的指挥下，操作吊车缓慢起吊电杆，在电杆缓慢起吊到吊绳全部受力时暂停起吊，检查确认吊车支腿及其他受力部位情况正常，地面电工在杆根处合适位置系好绝缘绳以控制杆根方向；为确保作业安全，起吊电杆的杆根应设置接地保护措施，作业时杆根作业人员应穿绝缘靴、戴绝缘手套，起重设备操作人员应穿绝缘靴。

3）检查确认绝缘遮蔽（隔离）可靠，吊车操作人员在吊车指挥人员的指挥下，操作吊车在缓慢地将新电杆吊至预定位置，配合吊车指挥人员和工作负责人注意控制电杆两侧方向的平衡情况和杆根的入洞情况，电杆起立，校正后回土夯实，拆除杆根接地保护。

4）杆上电工登杆配合斗内 1 号电工拆除吊绳和两侧晃绳，安装横担、杆顶支架、绝缘子等后，杆上电工返回地面，吊车撤离工作区域。

5）斗内 1 号电工对横担、绝缘子等进行绝缘遮蔽（隔离）后，斗内电工操作小吊臂缓慢下降，使导线置于绝缘子顶槽内，斗内电工逐相绑扎好绝缘子，打开绝缘横担保险，操作绝缘斗臂车，操作绝缘斗臂车使绝缘横担缓缓脱离导线并拆除，组立直线电杆工作结束。

（4）工作完成，拆除绝缘遮蔽（隔离）措施，退出带电作业区域，工作结束。

1）斗内电工向工作负责人汇报确认本项工作已完成。

2）斗内电工转移绝缘斗至导线侧合适作业位置，按照 "先中间相、再两边相"的顺序（与遮蔽相反），依次拆除绝缘遮蔽（隔离）用具。

3）检查导线上无遗留物后返回地面，斗内作业工作结束。

3.3.2　绝缘手套作业法（斗臂车作业）带电更换直线杆

按照 Q/GDW 10520《10kV 配网不停电作业规范》，本项目为第三类、复杂绝缘手套作业法项目，如图 3－16 所示，适用于绝缘手套作业法+专用吊杆支撑导线法（斗臂车和吊车作业）带电更换直线杆工作。生产中务必结合现场实际工况参照适用。

下面以图 3－17 所示的直线杆（导线三角排列）为例说明其操作步骤：

本项目工作人员共计 8 人，人员分工为：工作负责人（兼工作监护人）1人、斗内电工 2 人，杆上电工 1 人，地面电工 2 人，吊车指挥 1 名，吊车操作人员 1 名。

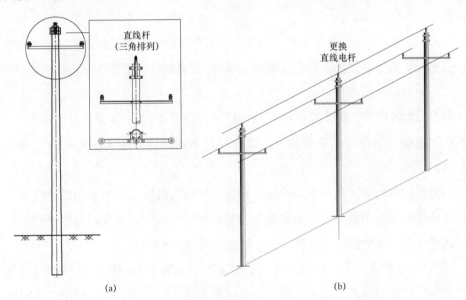

图 3－17　绝缘手套作业法（斗臂车作业）带电更换直线杆

（a）杆头组装图；（b）线路示意图

本项目现场作业阶段的操作步骤是：

（1）工作开始，进入带电作业区域，验电，设置绝缘遮蔽（隔离）措施。

1）斗内作业人员（1 号、2 号斗臂车斗内电工）穿戴好绝缘防护用具，经工作负责人检查合格后，进入绝缘斗并将安全带保险钩系挂在斗内专用挂钩上，斗内电工操作绝缘斗臂车进入带电作业区域，验电，准备开始现场作业。

2）斗内 1 号电工（1 号绝缘斗臂车斗内电工，下同）转移绝缘斗至近边相导线外侧合适位置，使用导线遮蔽罩依次对作业中可能触及的近边相、远边相和中间相带电导线进行绝缘遮蔽（隔离），架空导线上的绝缘遮蔽（隔离）长度要适当延长，以确保更换电杆时不触及带电导线。

（2）采用导线提升专用吊杆支撑导线。

1）斗内 2 号电工（2 号绝缘斗臂车斗内电工，下同）在地面电工配合下，在小吊臂上组装导线提升专用吊杆后，返回导线下准备支撑导线。

2）斗内 1 号电工拆除三相导线绑扎线后，斗内 2 号电工调整小吊臂使三相导线分别置于专用吊杆上的吊钩内并锁好保险，操作斗臂车缓缓提升专用吊杆支撑起三相导线，调整小吊臂缓慢将三相导线提升到一定高度后固定专用吊杆。

3）斗内 1 号电工在杆上电工的配合下拆除绝缘子、横担及立铁，并对杆顶使用电杆遮蔽罩进行绝缘遮蔽（隔离），其绝缘遮蔽长度要适当延长。

（3）撤除直线电杆。

1）地面电工对撤除的电杆杆顶使用电杆遮蔽罩进行绝缘遮蔽（隔离），其绝缘遮蔽长度要适当延长，并系好电杆起吊钢丝绳（吊点在电杆地上部分 1/2 处）。

需要注意的是，同杆架设线路吊钩穿越低压线时应做好吊车的接地工作；低压导线应加装绝缘遮蔽罩或绝缘套管并用绝缘绳向两侧拉开，增加电杆下降的通道宽度；在电杆低压导线下方位置增加两道横风绳。

2）吊车操作人员在吊车指挥人员的指挥下缓慢起吊电杆，在电杆缓慢起吊到吊绳全部受力时暂停起吊，检查确认吊车支腿及其他受力部位情况正常，地面电工在杆根处合适位置系好绝缘绳以控制杆根方向；为确保作业安全，起吊电杆的杆根应设置接地保护措施，作业时杆根作业人员应穿绝缘靴、戴绝缘手套，起重设备操作人员应穿绝缘靴。

3）检查确认绝缘遮蔽（隔离）可靠，吊车操作人员操作吊车缓慢地将电杆放落至地面，地面电工拆除杆根接地保护、吊绳以及杆顶上的绝缘遮蔽（隔离），将杆坑回土夯实，吊车撤离工作区域。

（4）组立直线电杆。

1）地面电工对组立的电杆杆顶使用电杆遮蔽罩进行绝缘遮蔽（隔离），其绝缘遮蔽长度要适当延长，并系好电杆起吊钢丝绳（吊点在电杆地上部分1/2 处）。

2）吊车操作人员在吊车指挥人员的指挥下，操作吊车缓慢起吊电杆，在电杆缓慢起吊到吊绳全部受力时暂停起吊，检查确认吊车支腿及其他受力部位情况正常，地面电工在杆根处合适位置系好绝缘绳以控制杆根方向；为确保作业安全，起吊电杆的杆根应设置接地保护措施，作业时杆根作业人员应穿绝缘靴、戴绝缘手套，起重设备操作人员应穿绝缘靴。

3）检查确认绝缘遮蔽（隔离）可靠，吊车操作人员在吊车指挥人员的指挥下，操作吊车在缓慢地将新电杆吊至预定位置，配合吊车指挥人员和工作负责人注意控制电杆两侧方向的平衡情况和杆根的入洞情况，电杆起立，校正后回土夯实，拆除杆根接地保护。

4）杆上电工登杆配合斗内 1 号电工拆除吊绳和两侧晃绳，安装横担、杆顶支架、绝缘子等后，杆上电工返回地面，吊车撤离工作区域。

5）斗内 1 号电工对横担、绝缘子等进行绝缘遮蔽（隔离）后，斗内电工操作小吊臂缓慢下降，使导线置于绝缘子顶槽内，斗内电工逐相绑扎好绝缘子，打开绝缘横担保险，操作绝缘斗臂车，操作绝缘斗臂车使绝缘横担缓缓脱离导线并拆除，组立直线电杆工作结束。

（5）工作完成，拆除绝缘遮蔽（隔离）措施，退出带电作业区域，工作结束。

1）斗内电工向工作负责人汇报确认本项工作已完成。

2）斗内电工转移绝缘斗至导线侧合适作业位置，按照 "先中间相、再两边相"的顺序（与遮蔽相反），依次拆除绝缘遮蔽（隔离）用具。

3）检查导线上无遗留物后返回地面，斗内作业工作结束。

3.3.3 绝缘手套作业法（斗臂车作业）带负荷直线杆改耐张杆

按照 Q/GDW 10520《10kV 配网不停电作业规范》，本项目为第三类、复杂绝缘手套作业法项目，如图 3－18 所示，适用于绝缘手套作业法+绝缘引流线法

（斗臂车作业）带负荷直线杆改耐张杆工作。生产中务必结合现场实际工况参照适用，并积极推广采用"旁路作业法"带负荷直线杆改耐张杆的应用。

下面以图 3-18 所示的直线杆和耐张杆（导线三角排列）为例说明其操作步骤：

本项目工作人员共计 5~7 人，人员分工为：工作负责人（兼工作监护人）1 人、斗内电工（1 号和 2 号绝缘斗臂车配合作业）2~4 人，地面电工 2 人。

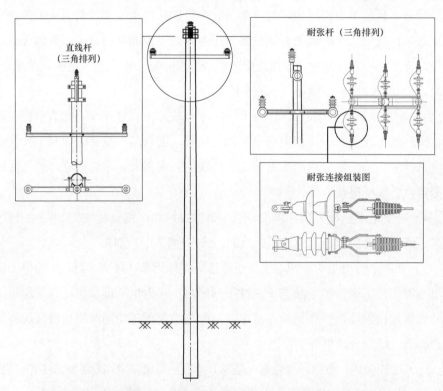

图 3-18 绝缘手套作业法（斗臂车作业）带负荷直线杆改耐张杆

本项目现场作业阶段的操作步骤是：

（1）工作开始，进入带电作业区域，验电，设置绝缘遮蔽（隔离）措施。

1）斗内作业人员（1 号、2 号斗臂车斗内电工）穿戴好绝缘防护用具，经工作负责人检查合格后，进入绝缘斗并将安全带保险钩系挂在斗内专用挂钩上，斗内电工操作绝缘斗臂车进入带电作业区域，验电，准备开始现场作业。

2）获得工作负责人许可后，斗内电工调整绝缘斗至合适位置，按规定使用验电器按照"导线—绝缘子—横担—导线"的顺序进行验电，确认无漏电现象；检查确认电杆根部、基础牢固、导线绑扎牢固后，方可开始现场作业工作。

3）斗内 1 号电工（1 号绝缘斗臂车斗内电工，下同）在确保安全距离的前提下，按照"从近到远、从下到上、先带电体后接地体"的遮蔽原则，以及"先两边相、再中间相"的遮蔽顺序，依次对作业范围内的近边相、远边相和中间相导线、绝缘子、横担、杆顶等进行绝缘遮蔽（隔离）。

（2）支撑导线（绝缘斗臂车用绝缘横担），直线横担改为耐张横担。

1）斗内 2 号电工（2 号绝缘斗臂车斗内电工，下同）在地面电工的配合下，在绝缘斗臂车上组装提升导线的绝缘横担组合。

2）斗内 2 号电工将绝缘斗移至被提升导线的下方，将两边相导线分别置于绝缘横担固定器内，斗内 2 号电工拆除两边相绝缘子绑扎线。

3）斗内 2 号电工将绝缘横担继续缓慢抬高，提升两边相导线，将中相导线置于绝缘横担固定器内，斗内 1 号电工拆除中相绝缘子绑扎线。

4）斗内 2 号电工将绝缘横担缓慢抬高，提升三相导线，提升高度不小于 0.4m，斗内电工相互配合拆除绝缘子和横担，安装耐张横担，并装好耐张绝缘子和耐张线夹。

（3）安装绝缘引流线，开断三相导线为耐张连接。

1）斗内 1 号、2 号电工相互配合在耐张横担上安装耐张横担遮蔽罩，在耐张横担下合适位置安装绝缘引流线支架，完成后对耐张绝缘子和耐张线夹设置绝缘遮蔽（隔离）措施。

2）斗内 2 号电工操作斗臂车使三相导线缓缓下降，逐一放置到耐张横担遮蔽罩上，并固定。

3）斗内 1 号、2 号电工分别转移绝缘斗至近边相导线外侧合适位置，拆除其导线遮蔽罩，并在导线两侧安装好绝缘紧线器及后备保护绳，将导线收紧，同时收紧后备保护绳。

4）斗内 1 号电工用电流检测仪测量架空线路负荷电流，确认电流不超过绝缘引流线额定电流。

5）斗内 1 号、2 号电工相互配合在近边相导线安装绝缘引流线，用电流检测仪检测电流，确认通流正常，绝缘引流线与导线连接应牢固可靠，将绝缘引流线在绝缘引流线支架上可靠固定。

6）斗内 1 号、2 号电工配合使用绝缘断线剪将近边相导线剪断，并分别将近边相两侧导线固定在耐张线夹内。

7）斗内 1 号、2 号电工确认导线连接可靠后，分别拆除绝缘紧线器及后备保护绳。

8）斗内 1 号电工在确保横担及绝缘子遮蔽措施到位的前提下，完成近边相导线引线接续工作。

9）斗内 1 号电工用电流检测仪检测电流，确认通流正常，拆除绝缘引流线，恢复绝缘遮蔽（隔离）措施。

10）斗内 1 号、2 号电工相互配合按照同样的方法开断远边相和中间相导线，并接续远边相和中间相导线引线，三相引线接续工作结束。

（4）拆除绝缘引流线（含支架）。

1）斗内 1 号、2 号电工相互配合逐相拆除绝缘引流线，并恢复导线处的绝缘遮蔽（隔离）措施。

2）拆除绝缘引流线可按先两边相、后中间相或按从近、到远的顺序逐相进行。

3）斗内 1 号、2 号电工配合拆除绝缘引流线支架。

（5）工作完成，拆除绝缘遮蔽（隔离）措施，退出带电作业区域，工作结束。

1）斗内 1 号电工向工作负责人汇报确认本项工作已完成。

2）斗内 1 号电工转移绝缘斗至导线侧合适作业位置，按照 "先中间相、再两边相" 的顺序（与遮蔽相反），依次拆除绝缘遮蔽（隔离）用具。

3）检查导线上无遗留物后返回地面，斗内作业工作结束。

3.4 配电线路更换 "设备类" 项目

3.4.1 绝缘杆作业法（登杆作业）带电更换熔断器

按照 Q/GDW 10520《10kV 配网不停电作业规范》，本项目为第三类、复杂绝缘杆作业法项目，如图 3－19 所示，适用于绝缘杆作业法+拆除和安装线夹法

（登杆作业）带电更换熔断器工作，作业原理同断开和搭接引线类项目。生产中务必结合现场实际工况参照适用，并积极推广绝缘杆作业法（短杆作业）在绝缘斗臂车的工作斗或其他绝缘平台如绝缘脚手架上的应用。

下面以图 3-19 所示的直线分支杆（有熔断器，导线三角排列）为例说明其操作步骤：

本项目工作人员共计 4 人，人员分工为：工作负责人（兼工作监护人）1人、杆上电工 2 人，地面电工 1 人。

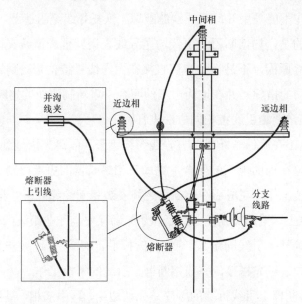

图 3-19　绝缘杆作业法（登杆作业）带电更换熔断器

本项目现场作业阶段的操作步骤是：

（1）工作开始，进入带电作业区域，验电，设置绝缘遮蔽（隔离）措施。

1）获得工作负责人许可后，杆上电工穿戴好绝缘防护用，携带绝缘传递绳登杆至合适位置，确认熔断器已断开，熔丝管已取下，在确保安全作业距离的前提下，按规定使用验电器按照"导线—绝缘子—横担—导线"的顺序进行验电，确认无漏电现象，使用绝缘操作杆挂好绝缘传递绳，开始现场作业工作。

2）杆上电工在地面电工的配合下，使用绝缘操作杆按照"从近到远、从下到上、先带电体后接地体"的遮蔽原则，以及"先两边相、再中间相"的遮蔽顺序，依次对不能满足安全距离的带电体（或接地体）进行绝缘遮蔽（隔离），包括安装在熔断器之间的绝缘隔板（挡板）等。

（2）更换熔断器。

方法：（在导线处）拆除（安装）线夹断（接）引线法更换熔断器。

1）杆上 2 号电工使用绝缘（双头）锁杆夹紧待断开的近边相上引线，并用线夹安装工具固定线夹；杆上 1 号电工使用绝缘套筒扳手拧松线夹。

2）杆上电工相互配合使用线夹安装工具使线夹脱离主导线，使用绝缘（双头）锁杆拆除熔断器上引线并妥善固定，完成后采用封口式导线遮蔽罩（此项更换熔断器工作不能采用开口式导线遮蔽罩）恢复导线绝缘遮蔽（隔离）措施。

需要注意的是，如熔断器上引线与主导线采用其他类型线夹固定或由于安装方式和锈蚀等原因，不易拆除，可直接在主导线搭接位置处剪断，做好防止断开的引线摆动的措施，并在地面电工的配合下重新制作新的熔断器上引线。

3）拆除其余两相引线按相同方法进行。

4）杆上电工在确保熔断器上方导线绝缘遮蔽（隔离）措施到位的前提下，选择合适的站位在地面电工的配合下完成三相熔断器的更换以及三相下引线在熔断器上的安装工作，完成后在熔断器之间安装相间绝缘隔板（挡板）。

5）杆上电工退至熔断器下方合适位置，确保安全作业距离的前提下，使用绝缘（双头）锁杆（引线固定）、绝缘套筒扳手、（并沟）线夹安装工具等将三相上引线与主导线可靠搭接，完成熔断器上引线的搭接工作。

6）三相熔断器上引线拆除的顺序是先两边相、再中间相，搭接的顺序是先中间相、再两边相。

（3）工作完成，拆除绝缘遮蔽（隔离）措施，退出带电作业区域，工作结束。

1）杆上电工向工作负责人汇报确认本项工作已完成。

2）杆上电工在地面电工的配合下，使用绝缘操作杆按照"从远到近、从上到下、先接地体后带电体"的原则，以及"先中间相、再两边相"的顺序（与遮蔽相反），依次拆除绝缘遮蔽（隔离）用具。

3）检查杆上无遗留物后返回地面，杆上作业工作结束。

3.4.2　绝缘手套作业法（斗臂车作业）带电更换熔断器 1

按照 Q/GDW 10520《10kV 配网不停电作业规范》，本项目为第二类、简单绝缘手套作业法项目，如图 3-20 所示，适用于绝缘手套作业法+拆除和安装线夹法（斗臂车作业）带电更换熔断器工作，作业原理同断开和搭接引线类项目。生产中务必结合现场实际工况参照适用，并积极推广绝缘杆作业法（短杆作业）在绝缘斗臂车的工作斗或其他绝缘平台如绝缘脚手架上的应用。

下面以图 3-20 所示的直线分支杆（有熔断器，导线三角排列）为例说明其操作步骤：

本项目工作人员共计 4 人，人员分工为：工作负责人（兼工作监护人）1 人、斗内电工 2 人、地面电工 1 人。

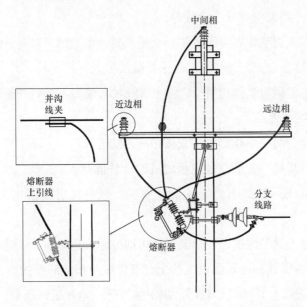

图 3-20　绝缘手套作业法（斗臂车作业）带电更换熔断器 1

本项目现场作业阶段的操作步骤是：

（1）工作开始，进入带电作业区域，验电，设置绝缘遮蔽（隔离）措施。

1）斗内作业人员穿戴好绝缘防护用具，经工作负责人检查合格后，进入绝缘斗并将安全带保险钩系挂在斗内专用挂钩上，斗内电工操作绝缘斗臂车进入带电作业区域，验电，准备开始现场作业。

2）获得工作负责人许可后，斗内电工调整绝缘斗至合适位置，按规定使用验电器按照"导线—绝缘子—横担—导线"的顺序进行验电，确认无漏电现象，开始现场作业工作。

3）斗内作业人员在确保安全距离的前提下，按照"从近到远、从下到上、先带电体后接地体"的遮蔽原则，以及"先两边相、再中间相"的遮蔽顺序，依次对作业范围内不能满足安全距离的带电体（或接地体）进行绝缘遮蔽（隔离）。

需要注意的是，（在导线处）拆除（安装）线夹法断（接）熔断器上引线时，（导线线夹处）用导线遮蔽罩、绝缘子遮蔽罩或绝缘毯进行遮蔽。

（2）断（接）引线，更换（三相）熔断器。

方法：（在导线处）拆除（安装）线夹断（接）引线法更换熔断器。

遮蔽用具：绝缘毯和导线遮蔽罩。

1）斗内电工调整绝缘斗至近边相合适位置，用绝缘（双头）锁杆将熔断器上引线线头临时固定在主导线上，然后拆除线夹。

2）斗内电工调整工作位置后，将上引线线头脱离主导线并妥善固定，完成后恢复主导线绝缘遮蔽。

3）拆除其余两相熔断器上引线按相同方法进行。

4）三相引线拆除的顺序是先两边相、再中间相。

5）三相引线拆除的工具是绝缘（双头）锁杆（引线固定）和绝缘套筒扳手。

6）斗内电工调整绝缘斗至熔断器横担前方相合适位置，分别断开三相熔断器上（下）桩头引线，在地面电工的配合下完成三相熔断器的更换工作，并对新安装熔断器进行分合情况检查后，取下熔丝管，本项工作结束。

7）斗内电工使用绝缘（双头）锁杆锁住中间相熔断器上引线一端将其提升并固定在主导线上，斗内电工根据实际情况安装不同类型的接续线夹（如并沟线夹、C型线夹、J型线夹以及压接型线夹等），引线与主导线连接可靠牢固后撤除绝缘（双头）锁杆，完成后恢复绝缘遮蔽（隔离）措施。

8）搭接其余两相熔断器上引线按相同方法进行。

9）三相引线安装的顺序是先中间相、再两边相。

10）三相引线安装的工具是绝缘（双头）锁杆（引线固定）、绝缘套筒扳手以及线夹安装（专用）工具等。

（3）工作完成，拆除绝缘遮蔽（隔离）措施，退出带电作业区域，工作结束。

1）斗内电工向工作负责人汇报确认本项工作已完成。

2）斗内电工转移绝缘斗至合适作业位置，按照"从远到近、从上到下、先接地体后带电体"的原则，以及"先中间相、再两边相"的顺序（与遮蔽相反），依次拆除绝缘遮蔽（隔离）用具。

3）检查杆上无遗留物后返回地面，斗内作业工作结束。

3.4.3　绝缘手套作业法（斗臂车作业）带电更换熔断器 2

按照 Q/GDW 10520《10kV 配网不停电作业规范》，本项目为第二类、简单绝缘手套作业法项目，如图 3-21 所示，适用于绝缘手套作业法+拆除和安装线夹法（斗臂车作业）带电更换熔断器工作，作业原理同断开和搭接引线类项目。生产中务必结合现场实际工况参照适用，并积极推广绝缘杆作业法（短杆作业）在绝缘斗臂车的工作斗或其他绝缘平台如绝缘脚手架上的应用。

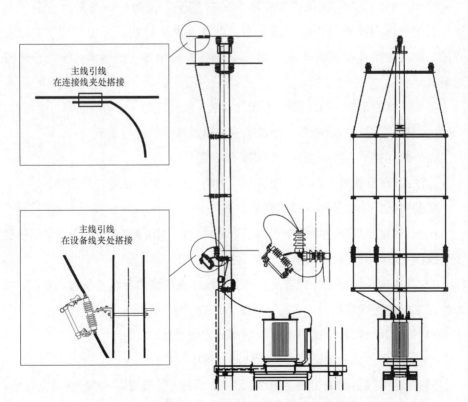

图 3-21　手套作业法（斗臂车作业）带电更换熔断器 2

下面以图 3-21 所示的变台杆（有熔断器，导线三角排列）为例说明其操作步骤：

本项目工作人员共计 4 人，人员分工为：工作负责人（兼工作监护人）1人、斗内电工 2 人，地面电工 1 人。

本项目现场作业阶段的操作步骤是：

（1）工作开始，进入带电作业区域，验电，设置绝缘遮蔽（隔离）措施。

1）斗内作业人员穿戴好绝缘防护用具，经工作负责人检查合格后，进入绝缘斗并将安全带保险钩系挂在斗内专用挂钩上，斗内电工操作绝缘斗臂车进入带电作业区域，验电，准备开始现场作业。

2）获得工作负责人许可后，斗内电工调整绝缘斗至合适位置，按规定使用验电器按照"导线—绝缘子—横担—导线"的顺序进行验电，确认无漏电现象，开始现场作业工作。

3）斗内作业人员在确保安全距离的前提下，按照"从近到远、从下到上、先带电体后接地体"的遮蔽原则，以及"先两边相、再中间相"的遮蔽顺序，依次对作业范围内不能满足安全距离的带电体（或接地体）进行绝缘遮蔽（隔离）。

需要注意的是，（在导线处）拆除（安装）线夹法断（接）熔断器上引线时，（导线线夹处）用导线遮蔽罩、绝缘子遮蔽罩或绝缘毯进行遮蔽。

（2）断（接）引线，更换（三相）熔断器。

方法：（在导线处）拆除（安装）线夹断（接）引线法更换熔断器。

遮蔽用具：绝缘毯和导线遮蔽罩。

1）斗内电工调整绝缘斗至近边相合适位置，用绝缘（双头）锁杆将熔断器上引线线头临时固定在主导线上，然后拆除线夹。

2）斗内电工调整工作位置后，将上引线线头脱离主导线并妥善固定，完成后恢复主导线绝缘遮蔽。

3）拆除其余两相熔断器上引线按相同方法进行。

4）三相引线拆除的顺序是先两边相、再中间相。

5）三相引线拆除的工具是绝缘（双头）锁杆（引线固定）和绝缘套筒扳手。

6）斗内电工调整绝缘斗至熔断器横担前方相合适位置，分别断开三相熔断器上（下）桩头引线，在地面电工的配合下完成三相熔断器的更换工作，并对新安装熔断器进行分合情况检查后，取下熔丝管，本项工作结束。

7）斗内电工使用绝缘（双头）锁杆锁住中间相熔断器上引线一端将其提升并固定在主导线上，斗内电工根据实际情况安装不同类型的接续线夹（如并沟线夹、C 型线夹、J 型线夹以及压接型线夹等），引线与主导线连接可靠牢固后撤除绝缘（双头）锁杆，完成后恢复绝缘遮蔽（隔离）措施。

8）搭接其余两相熔断器上引线按相同方法进行。

9）三相引线安装的顺序是"先中间相、再两边相"。

10）三相引线安装的工具是绝缘（双头）锁杆（引线固定）、绝缘套筒扳手以及线夹安装（专用）工具等。

（3）工作完成，拆除绝缘遮蔽（隔离）措施，退出带电作业区域，工作结束。

1）斗内电工向工作负责人汇报确认本项工作已完成。

2）斗内电工转移绝缘斗至合适作业位置，按照"从远到近、从上到下、先接地体后带电体"的原则，以及"先中间相、再两边相"的顺序（与遮蔽相反），依次拆除绝缘遮蔽（隔离）用具。

3）检查杆上无遗留物后返回地面，斗内作业工作结束。

3.4.4 绝缘手套作业法（斗臂车作业）带负荷更换熔断器

按照 Q/GDW 10520《10kV 配网不停电作业规范》，本项目为第三类、复杂绝缘手套作业法项目，如图 3－22 所示，适用于绝缘手套作业法+绝缘引流线法+拆除和安装线夹法（斗臂车作业）带负荷更换熔断器工作，作业原理同断开和搭接引线类项目。生产中务必结合现场实际工况参照适用，并积极推广绝缘杆作业法（短杆作业）在绝缘斗臂车的工作斗或其他绝缘平台如绝缘脚手架上的应用。

下面以图 3－22 所示的熔断器杆（导线三角排列）为例说明其操作步骤：

本项目工作人员共计 4 人，人员分工为：工作负责人（兼工作监护人）1人、斗内电工 2 人，地面电工 1 人。

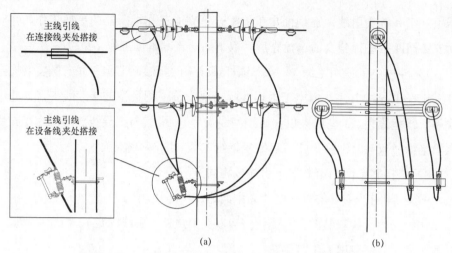

图 3-22　手套作业法（斗臂车作业）带负荷更换熔断器

(a) 主视图；(b) 侧视图

本项目现场作业阶段的操作步骤是：

（1）工作开始，进入带电作业区域，验电，设置绝缘遮蔽（隔离）措施。

1）斗内作业人员穿戴好绝缘防护用具，经工作负责人检查合格后，进入绝缘斗并将安全带保险钩系挂在斗内专用挂钩上，斗内电工操作绝缘斗臂车进入带电作业区域，验电，准备开始现场作业。

2）获得工作负责人许可后，斗内电工调整绝缘斗至合适位置，按规定使用验电器按照"导线—绝缘子—横担—导线"的顺序进行验电，确认无漏电现象，开始现场作业工作。

3）斗内作业人员调整绝缘斗至合适位置，确认熔断器在合上位置，在确保安全距离的前提下，按照"从近到远、从下到上、先带电体后接地体"的遮蔽原则，以及"先两边相、再中间相"的遮蔽顺序，依次对作业范围内不能满足安全距离的带电体（或接地体）进行绝缘遮蔽（隔离）。

（2）安装并搭接绝缘引流线（含支架安装）。

1）斗内电工调整绝缘斗至横担下侧合适位置，在确保安全距离的前提下，互相配合在熔断器横担下 0.6m 处安装绝缘引流线支架，使用电流检测仪逐相检测三相导线电流正常。

2）斗内电工调整绝缘斗至合适位置，将两端已绝缘遮蔽好的引流线暂挂在绝缘支架上，互相配合用绝缘引流线逐相短接熔断器。

3）三相熔断器可按"先中间相、再两边相"，或根据现场情况按由远及近的顺序依次短接。

4）斗内电工使用电流检测仪逐相检测确认三相绝缘引流线连接牢固、通流正常后，用绝缘操作杆拉开熔丝管并取下，绝缘引流线安装工作结束。

（3）断（接）引线法更换（三相）熔断器。

方法：（在导线处）拆除（安装）线夹断（接）引线法更换熔断器。

1）斗内电工调整绝缘斗至近边相合适位置，用绝缘（双头）锁杆将熔断器上引线线头临时固定在主导线上，然后拆除线夹。

2）斗内电工调整工作位置后，将上引线线头脱离主导线并妥善固定，完成后恢复主导线绝缘遮蔽。

3）拆除其余两相熔断器上引线按相同方法进行。

4）三相引线拆除的顺序是"先两边相、再中间相"。

5）三相引线拆除的工具是绝缘（双头）锁杆（引线固定）和绝缘套筒扳手。

6）斗内电工调整绝缘斗至熔断器横担前方相合适位置，分别断开三相熔断器上（下）桩头引线，在地面电工的配合下完成三相熔断器的更换工作，并对新安装熔断器进行分合情况检查后，取下熔丝管，本项工作结束。

7）斗内电工使用绝缘（双头）锁杆锁住中间相熔断器上引线一端将其提升并固定在主导线上，斗内电工根据实际情况安装不同类型的接续线夹（如并沟线夹、C 型线夹、J 型线夹以及压接型线夹等），引线与主导线连接可靠牢固后撤除绝缘（双头）锁杆，完成后恢复绝缘遮蔽（隔离）措施。

8）搭接其余两相熔断器上引线按相同方法进行。

9）三相引线安装的顺序是"先中间相、再两边相"。

10）三相引线安装的工具是绝缘（双头）锁杆（引线固定）、绝缘套筒扳手以及线夹安装（专用）工具等。

11）三相引线搭接工作结束后，斗内电工挂上熔丝管，用绝缘操作杆依次合上三相熔丝管，用电流检测仪检测确认通流正常，完成后恢复绝缘遮蔽（隔离）措施。

（4）拆除绝缘引流线（含支架）。

1）斗内电工相互配合逐相拆除绝缘引流线，并恢复导线处的绝缘遮蔽（隔离）措施。

2）拆除绝缘引流线可按"先两边相、后中间相"或按从近到远的顺序逐相进行。

3）斗内电工拆除绝缘引流线支架。

（5）工作完成，拆除绝缘遮蔽（隔离）措施，退出带电作业区域，工作结束。

1）斗内电工向工作负责人汇报确认本项工作已完成。

2）斗内电工转移绝缘斗至合适作业位置，按照"从远到近、从上到下、先接地体后带电体"的原则，以及"先中间相、再两边相"的顺序（与遮蔽相反），依次拆除绝缘遮蔽（隔离）用具。

3）检查杆上无遗留物后返回地面，斗内作业工作结束。

3.4.5　绝缘手套作业法（斗臂车作业）带电更换隔离开关

按照 Q/GDW 10520《10kV 配网不停电作业规范》，本项目为第二类、简单绝缘手套作业法项目，如图 3-23 所示，适用于绝缘手套作业法+拆除和安装线夹法（斗臂车作业）带电更换隔离开关工作，作业原理同断开和搭接引线类项目。生产中务必结合现场实际工况参照适用，并积极推广绝缘杆作业法（短杆作业）在绝缘斗臂车的工作斗或其他绝缘平台如绝缘脚手架上的应用。

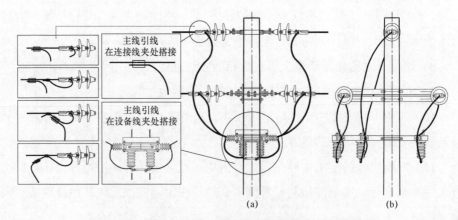

图 3-23　手套作业法（斗臂车作业）带电更换隔离开关
（a）主视图；（b）侧视图

下面以图3-23所示的隔离开关杆（导线三角排列）为例说明其操作步骤：

本项目工作人员共计 4 人，人员分工为：工作负责人（兼工作监护人）1人、斗内电工2人，地面电工1人。

本项目现场作业阶段的操作步骤是：

（1）工作开始，进入带电作业区域，验电，设置绝缘遮蔽（隔离）措施。

1）斗内作业人员穿戴好绝缘防护用具，经工作负责人检查合格后，进入绝缘斗并将安全带保险钩系挂在斗内专用挂钩上，斗内电工操作绝缘斗臂车进入带电作业区域，验电，准备开始现场作业。

2）获得工作负责人许可后，斗内电工调整绝缘斗至合适位置，按规定使用验电器按照"导线—绝缘子—横担—导线"的顺序进行验电，确认无漏电现象，开始现场作业工作。

3）斗内作业人员调整绝缘斗至合适位置，确认柱上隔离开关在断开位置，在确保安全距离的前提下，按照"从近到远、从下到上、先带电体后接地体"的遮蔽原则，以及"先两边相、再中间相"的遮蔽顺序，依次对作业范围内不能满足安全距离的带电体（或接地体）进行绝缘遮蔽（隔离）。

（2）更换柱上隔离开关。

方法：（在导线处）拆除（安装）线夹断（接）引线法更换柱上隔离开关。

1）斗内电工确认柱上隔离开关在断开位置后，转移绝缘斗至近边相合适位置，使用绝缘（双头）锁杆以及线夹装拆专用工具将柱上隔离开关两侧引线从主导线上拆开并妥善固定，完成后恢复主导线处绝缘遮蔽（隔离）措施。

2）拆除其余两相柱上隔离开关引线按照相同方法进行并妥善固定。

3）三相引线拆除的顺序是"先两边相、再中间相"。

4）三相引线拆除的工具是绝缘（双头）锁杆（引线固定）、绝缘套筒扳手以及线夹装拆专用工具。

5）斗内电工相互配合更换柱上隔离开关，并进行分、合试操作调试，然后将柱上隔离开关置于断开位置。

6）斗内电工调整绝缘斗至合适位置，相互配合使用绝缘（双头）锁杆以及线夹装拆专用工具将中间相两侧引线接至中间相主导线上，完成后恢复绝缘遮蔽（隔离）措施。

7）搭接其余两相柱上隔离开关引线按照相同方法进行。

8）三相引线安装的顺序是"先中间相、再两边相"。

9）三相引线安装的工具是绝缘（双头）锁杆（引线固定）、绝缘套筒扳手以及线夹安装（专用）工具等。

（3）工作完成，拆除绝缘遮蔽（隔离）措施，退出带电作业区域，工作结束。

1）斗内电工向工作负责人汇报确认本项工作已完成。

2）斗内电工转移绝缘斗至合适作业位置，按照"从远到近、从上到下、先接地体后带电体"的原则，以及"先中间相、再两边相"的顺序（与遮蔽相反），依次拆除绝缘遮蔽（隔离）用具。

3）检查杆上无遗留物后返回地面，斗内作业工作结束。

3.4.6　绝缘手套作业法（斗臂车作业）带负荷更换隔离开关

按照 Q/GDW 10520《10kV 配网不停电作业规范》，本项目为第二类、简单绝缘手套作业法项目，如图 3-24 所示，适用于绝缘手套作业法+绝缘引流线法+拆除和安装线夹法（斗臂车作业）带负荷更换隔离开关工作，作业原理同断开和搭接引线类项目。生产中务必结合现场实际工况参照适用，并积极推广绝缘杆作业法（短杆作业）在绝缘斗臂车的工作斗或其他绝缘平台如绝缘脚手架上的应用以及+旁路作业法的应用。

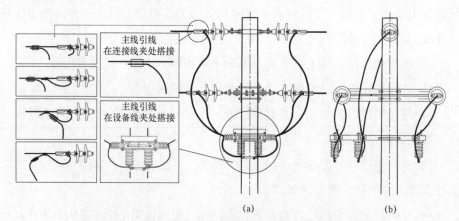

图 3-24　手套作业法（斗臂车作业）带负荷更换隔离开关

（a）主视图；（b）侧视图

下面以图 3-24 所示的隔离开关杆（导线三角排列）为例说明其操作步骤：

本项目工作人员共计 7 人，人员分工为：工作负责人（兼工作监护人）1 人、斗内电工（1 号和 2 号绝缘斗臂车配合作业）4 名，地面电工 2 人。

本项目现场作业阶段的操作步骤是：

（1）工作开始，进入带电作业区域，验电，设置绝缘遮蔽（隔离）措施。

1）斗内作业人员穿戴好绝缘防护用具，经工作负责人检查合格后，进入绝缘斗并将安全带保险钩系挂在斗内专用挂钩上，斗内电工操作绝缘斗臂车进入带电作业区域，验电，准备开始现场作业。

2）获得工作负责人许可后，斗内电工调整绝缘斗至合适位置，按规定使用验电器按照"导线—绝缘子—横担—导线"的顺序进行验电，确认无漏电现象，开始现场作业工作。

3）斗内作业人员调整绝缘斗至合适位置，确认柱上隔离开关在合上位置，在确保安全距离的前提下，按照"从近到远、从下到上、先带电体后接地体"的遮蔽原则，以及"先两边相、再中间相"的遮蔽顺序，依次对作业范围内不能满足安全距离的带电体（或接地体）进行绝缘遮蔽（隔离）。

（2）安装绝缘引流线（含支架安装）。

1）斗内电工调整绝缘斗至横担下侧合适位置，在确保安全距离的前提下，互相配合在隔离开关横担下方 0.6m 处安装绝缘引流线支架，使用电流检测仪逐相检测三相导线电流正常。

2）斗内电工调整绝缘斗至合适位置，将两端已绝缘遮蔽好的引流线暂挂在绝缘支架上，互相配合用绝缘引流线逐相短接隔离开关。

3）三相隔离开关可按"先中间相、再两边相"，或根据现场情况按由远及近的顺序依次短接。

4）斗内电工使用电流检测仪逐相检测确认三相绝缘引流线连接牢固、通流正常后，用绝缘操作杆拉开隔离开关，绝缘引流线安装工作结束。

（3）更换柱上隔离开关。

方法：（在导线处）拆除（安装）线夹断（接）引线法更换柱上隔离开关。

1）斗内电工确认三相绝缘引流线通流正常，隔离开关在断开位置后，转移绝缘斗至近边相合适位置，使用绝缘（双头）锁杆以及线夹装拆专用工具将柱上隔离开关两侧引线从主导线上拆开并妥善固定，完成后恢复主导线处绝缘遮蔽（隔离）措施。

2）拆除其余两相柱上隔离开关引线按照相同方法进行并妥善固定。

3）三相引线拆除的顺序是"先两边相、再中间相"。

4）三相引线拆除的工具是绝缘（双头）锁杆（引线固定）、绝缘套筒扳手以及线夹装拆专用工具。

5）斗内电工相互配合更换柱上隔离开关，并进行分、合试操作调试，然后将柱上隔离开关置于断开位置。

6）斗内电工调整绝缘斗至合适位置，相互配合使用绝缘（双头）锁杆以及线夹装拆专用工具将中间相两侧引线接至中间相主导线上，完成后恢复绝缘遮蔽（隔离）措施。

7）搭接其余两相柱上隔离开关引线按照相同方法进行。

8）三相引线安装的顺序是"先中间相、再两边相"。

9）三相引线安装的工具是绝缘（双头）锁杆（引线固定）、绝缘套筒扳手以及线夹安装（专用）工具等。

10）三相引线搭接工作结束后，合上柱上隔离开关，用电流检测仪检测确认通流正常后，恢复绝缘遮蔽（隔离）措施。

（4）拆除绝缘引流线（含支架）。

1）斗内电工相互配合逐相拆除绝缘引流线，并恢复导线处的绝缘遮蔽（隔离）措施。

2）拆除绝缘引流线可按"先两边相、后中间相"或按从近到远的顺序逐相进行。

3）斗内电工拆除绝缘引流线支架。

（5）工作完成，拆除绝缘遮蔽（隔离）措施，退出带电作业区域，工作结束。

1）斗内电工向工作负责人汇报确认本项工作已完成。

2）斗内电工转移绝缘斗至合适作业位置，按照"从远到近、从上到下、先接地体后带电体"的原则，以及"先中间相、再两边相"的顺序（与遮蔽相反），依次拆除绝缘遮蔽（隔离）用具。

3）检查杆上无遗留物后返回地面，斗内作业工作结束。

3.4.7　绝缘手套作业法（斗臂车作业）带负荷更换柱上开关 1

按照 Q/GDW 10520《10kV 配网不停电作业规范》，本项目为第三类、复杂绝缘手套作业法项目，如图 3－25 所示，适用于绝缘手套作业法+旁路作业法+拆除和安装线夹法（斗臂车作业）带负荷更换柱上开关工作，作业原理同断开和搭接引线类项目（不同之处是+旁路回路）。生产中务必结合现场实际工况参照使用，并积极推广绝缘杆作业法（短杆作业）在绝缘斗臂车的工作斗或其他绝缘平台如绝缘脚手架上的应用。

下面以图 3－25 所示的单回柱上开关杆（导线三角排列）为例说明其操作步骤：

本项目工作人员共计 7 人，人员分工为：工作负责人（兼工作监护人）1人、斗内电工（1 号和 2 号绝缘斗臂车配合作业）4 名，地面电工 2 人。

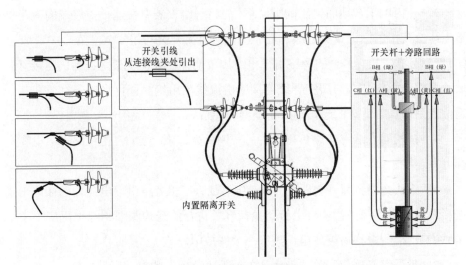

图 3－25　绝缘手套作业法+旁路作业法（斗臂车作业）带负荷更换柱上开关 1

本项目现场作业阶段的操作步骤是：

（1）工作开始，进入带电作业区域，验电，设置绝缘遮蔽（隔离）措施。

1）斗内作业人员穿戴好绝缘防护用具，经工作负责人检查合格后，进入绝缘斗并将安全带保险钩系挂在斗内专用挂钩上，斗内电工操作绝缘斗臂车进入带电作业区域，验电，准备开始现场作业。

2）获得工作负责人许可后，斗内电工调整绝缘斗至合适位置，按规定使用验电器按照"导线—绝缘子—横担—导线"的顺序进行验电，确认无漏电现象，开始现场作业工作。

3）斗内作业人员调整绝缘斗至合适位置，确认每相负荷电流不超过200A，并检查柱上负荷开关无异常情况，在确保安全距离的前提下，按照"从近到远、从下到上、先带电体后接地体"的遮蔽原则，以及"先两边相、再中间相"的遮蔽顺序，依次对作业范围内不能满足安全距离的带电体（或接地体）进行绝缘遮蔽（隔离）。

（2）安装旁路负荷开关、旁路高压引下电缆和余缆支架。

1）地面电工在电杆合适位置安装好旁路负荷开关和余缆工具，或在工作区域内放置好旁路负荷开关，确认旁路负荷开关处于"分"闸状态，并将开关外壳可靠接地。

2）斗内电工在地面电工的配合下，先将一端安装有快速插拔终端的旁路引下电缆按其相色标记（黄、绿、红）与旁路负荷开关同相位A（黄）、B（绿）、C（红）可靠连接，多余的旁路引下电缆规范地挂在余缆支架上；确认连接可靠后，再将一端安装有与架空导线连接的引流线夹用绝缘毯可靠遮蔽好，在其合适位置系上长度适宜的起吊绳（防坠绳）。

3）按相同方法将旁路负荷开关另一侧（黄、绿、红）三相旁路引下电缆进行可靠连接。

4）确认旁路负荷开关两侧（黄、绿、红）三相旁路引下电缆相色标记正确连接无误，用绝缘操作杆合上旁路负荷开关进行绝缘检测（绝缘电阻应不小于500MΩ），检测合格后用放电棒进行充分的放电。

5）断开旁路负荷开关并确认开关处于"分闸"状态并闭锁机构。

6）获得工作负责人许可后，斗内电工转移绝缘斗至离横担较远的位置，使用导线遮蔽罩对安装旁路引下电缆作业范围内的三相导线进行绝缘遮蔽（至少是两根导线遮蔽罩），遮蔽的顺序是"近边相、中间相和远边相导线"，遮蔽的范围应比作业人员活动范围至少增加0.4m以上。

7）斗内电工确认旁路负荷开关在断开的状态下，按照"远边相、中间相、近边相"的顺序，依次将相色标记为"黄、绿、红"的旁路引下电缆与同相位的高压架空线路 A（黄）、B（绿）、C（红）可靠连接，相序保持一致。

安装的方法是：在地面电工的配合下使用小吊臂将旁路引下电缆吊至导线处，移开对接重合的两根导线遮蔽罩，将旁路引下电缆的引流线夹安装（挂接）到架空导线上，并挂好防坠绳（起吊绳），完成后用遮蔽引流线夹的绝缘毯对导线和引流线夹进行绝缘遮蔽。如导线为绝缘导线，应先剥除导线的绝缘层，再清除连接处导线上的氧化层。

（3）合上旁路负荷开关，旁路回路投入运行（投役）。

1）斗内电工确认三相旁路电缆连接可靠，核相正确无误后，用绝缘操作杆合上旁路负荷开关，旁路回路投入运行（投役），并闭锁机构。

2）斗内电工用电流检测仪逐相测量三相旁路电缆电流，并确认每一相分流的负荷电流应不小于原线路负荷电流的 1/3。

3）斗内电工确认旁路回路工作正常，用绝缘操作杆拉开柱上负荷开关使其退出运行。

（4）断（接）引线，更换柱上负荷开关。

1）斗内电工确认旁路回路通流正常、柱上负荷开关在断开位置后，转移绝缘斗至近边相合适位置，用绝缘（双头）锁杆以及线夹装拆专用工具将柱上负荷开关两侧引线从主导线上拆开并妥善固定，完成后恢复主导线处绝缘遮蔽（隔离）措施。

2）拆除其余两相柱上负荷开关引线按照相同方法进行并妥善固定。

3）三相引线拆除的顺序是"先两边相、再中间相"。

4）三相引线拆除的工具是绝缘（双头）锁杆（引线固定）、绝缘套筒扳手以及线夹装拆专用工具。

5）斗内电工将拆除的三相引线盘好后妥善固定在柱上负荷开关接线柱上，相互配合使用绝缘吊臂更换柱上负荷开关。

6）斗内电工并确认新安装的柱上负荷开关确在断开位置无误后，将中间相两侧引线接至中间相主导线上，完成后恢复绝缘遮蔽（隔离）措施。

7）搭接其余两相柱上负荷开关引线按照相同方法进行，搭接的顺序是"先中间相、再两边相"。

8）斗内电工并确认柱上负荷开关连接可靠无误后，合上柱上负荷开关使其投入运行，使用电流检测仪逐相测量并确认通流正常。

（5）断开旁路负荷开关，旁路回路退出运行（退役），拆除旁路回路并充分放电。

1）斗内电工用绝缘操作杆断开旁路负荷开关，旁路回路退出运行（退役），插上闭锁销钉，锁死闭锁机构。

2）斗内电工调整绝缘斗至合适位置，拆除两侧三相旁路引下电缆。

3）斗内电工调整绝缘斗至合适位置，按照"近边相、中间相、远边相"的顺序依次拆除两侧三相旁路引下电缆，三相导线绝缘遮蔽用具拆除的顺序是"远边相、中间相、近边相"。

4）合上旁路负荷开关，对旁路电缆充分放电后，拉开旁路负荷开关，断开旁路引下电缆与旁路负荷开关的连接，拆除旁路高压引下电缆、余缆工具和旁路负荷开关。

（6）工作完成，拆除绝缘遮蔽（隔离）措施，退出带电作业区域，工作结束。

1）斗内电工向工作负责人汇报确认本项工作已完成。

2）斗内电工转移绝缘斗至合适作业位置，按照"从远到近、从上到下、先接地体后带电体"的原则，以及"先中间相、再两边相"的顺序（与遮蔽相反），依次拆除绝缘遮蔽（隔离）用具。

3）检查杆上无遗留物后返回地面，斗内作业工作结束。

3.4.8 绝缘手套作业法（斗臂车作业）带负荷更换柱上开关2

按照 Q/GDW 10520《10kV 配网不停电作业规范》，本项目为第三类、复杂绝缘手套作业法项目，如图 3-26 所示，适用于绝缘手套作业法+旁路作业法+拆除和安装线夹法（斗臂车作业）带负荷更换柱上开关工作，作业原理同断开和搭接引线类项目（不同之处是+旁路回路）。生产中务必结合现场实际工况参照适用，并积极推广绝缘杆作业法（短杆作业）在绝缘斗臂车的工作斗或其他绝缘平台如绝缘脚手架上的应用。

下面以图 3-26 所示的单回柱上开关杆（双侧无隔离刀闸，导线三角排列）为例说明其操作步骤：

本项目工作人员共计 7 人，人员分工为：工作负责人（兼工作监护人）1 人、斗内电工（1 号和 2 号绝缘斗臂车配合作业）4 名，地面电工 2 人。

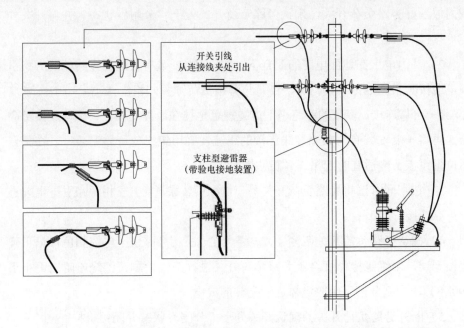

图 3-26　绝缘手套作业法+旁路作业法（斗臂车作业）带负荷更换柱上开关 2

本项目现场作业阶段的操作步骤是：

（1）工作开始，进入带电作业区域，验电，设置绝缘遮蔽（隔离）措施。

1）斗内作业人员穿戴好绝缘防护用具，经工作负责人检查合格后，进入绝缘斗并将安全带保险钩系挂在斗内专用挂钩上，斗内电工操作绝缘斗臂车进入带电作业区域，验电，准备开始现场作业。

2）获得工作负责人许可后，斗内电工调整绝缘斗至合适位置，按规定使用验电器按照"导线—绝缘子—横担—导线"的顺序进行验电，确认无漏电现象，开始现场作业工作。

3）斗内作业人员调整绝缘斗至合适位置，确认每相负荷电流不超过 200A，并检查柱上负荷开关无异常情况，在确保安全距离的前提下，按照"从近到远、从下到上、先带电体后接地体"的遮蔽原则，以及"先两边相、再中间相"的遮蔽顺序，依次对作业范围内不能满足安全距离的带电体（或接地体）进行绝缘遮蔽（隔离）。

（2）安装旁路负荷开关、旁路高压引下电缆和余缆支架。

1）地面电工在电杆合适位置安装好旁路负荷开关和余缆工具，或在工作区域内放置好旁路负荷开关，确认旁路负荷开关处于"分闸"状态，并将开关外壳可靠接地。

2）斗内电工在地面电工的配合下，先将一端安装有快速插拔终端的旁路引下电缆按其相色标记（黄、绿、红）与旁路负荷开关同相位 A（黄）、B（绿）、C（红）可靠连接，多余的旁路引下电缆规范地挂在余缆支架上；确认连接可靠后，再将一端安装有与架空导线连接的引流线夹用绝缘毯可靠遮蔽好，在其合适位置系上长度适宜的起吊绳（防坠绳）。

3）按相同方法将旁路负荷开关另一侧（黄、绿、红）三相旁路引下电缆进行可靠连接。

4）确认旁路负荷开关两侧（黄、绿、红）三相旁路引下电缆相色标记正确连接无误，用绝缘操作杆合上旁路负荷开关进行绝缘检测（绝缘电阻应不小于 $500M\Omega$），检测合格后用放电棒进行充分的放电。

5）断开旁路负荷开关并确认开关处于"分闸"状态并闭锁机构。

6）获得工作负责人许可后，斗内电工转移绝缘斗至离横担较远的位置，使用导线遮蔽罩对安装旁路引下电缆作业范围内的三相导线进行绝缘遮蔽（至少是两根导线遮蔽罩），遮蔽的顺序是"近边相、中间相和远边相导线"，遮蔽的范围应比作业人员活动范围至少增加 0.4m 以上。

7）斗内电工确认旁路负荷开关在断开的状态下，按照"远边相、中间相、近边相"的顺序，依次将相色标记为"黄、绿、红"的旁路引下电缆与同相位的高压架空线路 A（黄）、B（绿）、C（红）可靠连接，相序保持一致。

安装的方法是：在地面电工的配合下使用小吊臂将旁路引下电缆吊至导线处，移开对接重合的两根导线遮蔽罩，将旁路引下电缆的引流线夹安装（挂接）到架空导线上，并挂好防坠绳（起吊绳），完成后用遮蔽引流线夹的绝缘毯对导线和引流线夹进行绝缘遮蔽。如导线为绝缘导线，应先剥除导线的绝缘层，再清除连接处导线上的氧化层。

（3）合上旁路负荷开关，旁路回路投入运行（投役）。

1）斗内电工确认三相旁路电缆连接可靠，核相正确无误后，用绝缘操作杆合上旁路负荷开关，旁路回路投入运行（投役），并闭锁机构。

2）斗内电工用电流检测仪逐相测量三相旁路电缆电流，并确认每一相分流的负荷电流应不小于原线路负荷电流的 1/3。

3）斗内电工确认旁路回路工作正常，用绝缘操作杆拉开柱上开关使其退出运行。

（4）断（接）引线，更换柱上开关。

1）斗内电工确认旁路回路通流正常、柱上开关在断开位置后，转移绝缘斗至近边相合适位置，用绝缘（双头）锁杆以及线夹装拆专用工具将柱上开关两侧引线从主导线上拆开并妥善固定，完成后恢复主导线处绝缘遮蔽（隔离）措施。

2）拆除其余两相柱上开关引线按照相同方法进行并妥善固定。

3）三相引线拆除的顺序是"先两边相、再中间相"。

4）三相引线拆除的工具是绝缘（双头）锁杆（引线固定）、绝缘套筒扳手以及线夹装拆专用工具。

5）斗内电工将拆除的三相引线盘盘后妥善固定在柱上开关接线柱上，相互配合使用绝缘吊臂更换柱上开关。

6）斗内电工并确认新安装的柱上开关确在断开位置无误后，将中间相两侧引线接至中间相主导线上，完成后恢复绝缘遮蔽（隔离）措施。

7）搭接其余两相柱上开关引线按照相同方法进行，搭接的顺序是"先中间相、再两边相"。

8）斗内电工确认柱上开关连接可靠无误后，合上柱上开关使其投入运行，使用电流检测仪逐相测量并确认通流正常。

（5）断开旁路负荷开关，旁路回路退出运行（退役），拆除旁路回路并充分放电。

1）斗内电工用绝缘操作杆断开旁路负荷开关，旁路回路退出运行（退役），插上闭锁销钉，锁死闭锁机构；

2）斗内电工调整绝缘斗至合适位置，拆除两侧三相旁路引下电缆。

3）斗内电工调整绝缘斗至合适位置，按照"近边相、中间相、远边相"的顺序依次拆除两侧三相旁路引下电缆，三相导线绝缘遮蔽用具拆除的顺序是"远边相、中间相、近边相"。

4）合上旁路负荷开关，对旁路电缆充分放电后，拉开旁路负荷开关，断开旁路引下电缆与旁路负荷开关的连接，拆除旁路高压引下电缆、余缆工具和旁路负荷开关。

（6）工作完成，拆除绝缘遮蔽（隔离）措施，退出带电作业区域，工作结束。

1）斗内电工向工作负责人汇报确认本项工作已完成。

2）斗内电工转移绝缘斗至合适作业位置，按照"从远到近、从上到下、先接地体后带电体"的原则，以及"先中间相、再两边相"的顺序（与遮蔽相反），依次拆除绝缘遮蔽（隔离）用具。

3）检查杆上无遗留物后返回地面，斗内作业工作结束。

3.4.9 绝缘手套作业法（斗臂车作业）带负荷更换柱上开关3

按照 Q/GDW 10520《10kV 配网不停电作业规范》，本项目为第三类、复杂绝缘手套作业法项目，如图 3-27 所示，适用于绝缘手套作业法+旁路作业法+拆除和安装线夹法（斗臂车作业）带负荷更换柱上开关工作，作业原理同断开和搭接引线类项目（不同之处是+旁路回路）。生产中务必结合现场实际工况参照适用，并积极推广绝缘杆作业法（短杆作业）在绝缘斗臂车的工作斗或其他绝缘平台如绝缘脚手架上的应用。

下面以图 3-27 所示的单回柱上开关杆（两侧带隔离开关，导线三角排列）为例说明其操作步骤：

本项目工作人员共计 7 人，人员分工为：工作负责人（兼工作监护人）1人、斗内电工（1 号和 2 号绝缘斗臂车配合作业）4 名，地面电工 2 人。

本项目现场作业阶段的操作步骤是：

（1）工作开始，进入带电作业区域，验电，设置绝缘遮蔽（隔离）措施。

1）斗内作业人员穿戴好绝缘防护用具，经工作负责人检查合格后，进入绝缘斗并将安全带保险钩系挂在斗内专用挂钩上，斗内电工操作绝缘斗臂车进入带电作业区域，验电，准备开始现场作业。

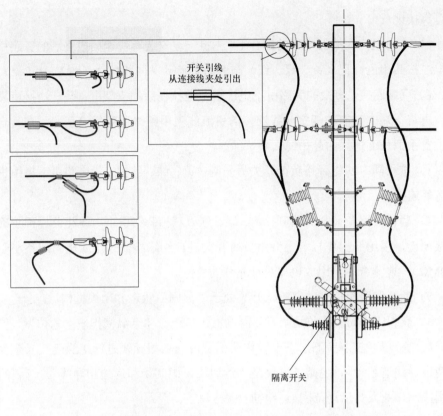

图 3-27　绝缘手套作业法+旁路作业法（斗臂车作业）带负荷更换柱上开关 3

2）获得工作负责人许可后，斗内电工调整绝缘斗至合适位置，按规定使用验电器按照"导线—绝缘子—横担—导线"的顺序进行验电，确认无漏电现象，开始现场作业工作。

3）斗内作业人员调整绝缘斗至合适位置，确认每相负荷电流不超过 200A，并检查柱上负荷开关无异常情况，在确保安全距离的前提下，按照"从近到远、从下到上、先带电体后接地体"的遮蔽原则，以及"先两边相、再中间相"的遮蔽顺序，依次对作业范围内不能满足安全距离的带电体（或接地体）进行绝缘遮蔽（隔离）。

（2）安装旁路负荷开关、旁路高压引下电缆和余缆支架。

1）地面电工在电杆合适位置安装好旁路负荷开关和余缆工具，或在工作区域内放置好旁路负荷开关，确认旁路负荷开关处于"分闸"状态，并将开关外壳可靠接地。

2）斗内电工在地面电工的配合下，先将一端安装有快速插拔终端的旁路引下电缆按其相色标记（黄、绿、红）与旁路负荷开关同相位 A（黄）、B（绿）、C（红）可靠连接，多余的旁路引下电缆规范地挂在余缆支架上；确认连接可靠后，再将一端安装有与架空导线连接的引流线夹用绝缘毯可靠遮蔽好，在其合适位置系上长度适宜的起吊绳（防坠绳）。

3）按相同方法将旁路负荷开关另一侧（黄、绿、红）三相旁路引下电缆进行可靠连接。

4）确认旁路负荷开关两侧（黄、绿、红）三相旁路引下电缆相色标记正确连接无误，用绝缘操作杆合上旁路负荷开关进行绝缘检测（绝缘电阻应不小于500MΩ），检测合格后用放电棒进行充分的放电。

5）断开旁路负荷开关并确认开关处于"分闸"状态并闭锁机构。

6）获得工作负责人许可后，斗内电工转移绝缘斗至离横担较远的位置，使用导线遮蔽罩对安装旁路引下电缆作业范围内的三相导线进行绝缘遮蔽（至少是两根导线遮蔽罩），遮蔽的顺序是"近边相、中间相和远边相导线"，遮蔽的范围应比作业人员活动范围至少增加 0.4m 以上。

7）斗内电工确认旁路负荷开关在断开的状态下，按照"远边相、中间相、近边相"的顺序，依次将相色标记为"黄、绿、红"的旁路引下电缆与同相位的高压架空线路 A（黄）、B（绿）、C（红）可靠连接，相序保持一致。

安装的方法是：在地面电工的配合下使用小吊臂将旁路引下电缆吊至导线处，移开对接重合的两根导线遮蔽罩，将旁路引下电缆的引流线夹安装（挂接）到架空导线上，并挂好防坠绳（起吊绳），完成后用遮蔽引流线夹的绝缘毯对导线和引流线夹进行绝缘遮蔽。如导线为绝缘导线，应先剥除导线的绝缘层，再清除连接处导线上的氧化层。

（3）合上旁路负荷开关，旁路回路投入运行（投役）。

1）斗内电工确认三相旁路电缆连接可靠，核相正确无误后，用绝缘操作杆合上旁路负荷开关，旁路回路投入运行（投役），并闭锁机构。

2）斗内电工用电流检测仪逐相测量三相旁路电缆电流，并确认每一相分流的负荷电流应不小于原线路负荷电流的 1/3。

3）斗内电工确认旁路回路工作正常，用绝缘操作杆拉开柱上开关使其退出运行。

4）斗内电工转移隔离开关外侧合适位置，使用绝缘操作杆依次断开柱上开关两侧的三相隔离开关，并恢复隔离开关处的绝缘遮蔽（隔离）措施。

（4）断（接）引线，更换柱上开关。

1）斗内电工转移绝缘斗至合适位置相互配合更换柱上开关，并将柱上开关两侧引线与隔离开关可靠连接。

2）斗内电工转移绝缘斗至合适位置相互配合依次拆除三相隔离开关上的绝缘遮蔽（隔离）用具。

3）斗内电工确认柱上开关连接可靠无误后，依次合上开关两侧三相隔离开关后，合上柱上开关使其投入运行，使用电流检测仪逐相测量并确认通流正常。

（5）断开旁路负荷开关，旁路回路退出运行（退役），拆除旁路回路并充分放电。

1）斗内电工用绝缘操作杆断开旁路负荷开关，旁路回路退出运行（退役），插上闭锁销钉，锁死闭锁机构。

2）斗内电工调整绝缘斗至合适位置，拆除两侧三相旁路引下电缆。

3）斗内电工调整绝缘斗至合适位置，按照"近边相、中间相、远边相"的顺序依次拆除两侧三相旁路引下电缆，三相导线绝缘遮蔽用具拆除的顺序是"远边相、中间相、近边相"。

4）合上旁路负荷开关，对旁路电缆充分放电后，拉开旁路负荷开关，断开旁路引下电缆与旁路负荷开关的连接，拆除旁路高压引下电缆、余缆工具和旁路负荷开关。

（6）工作完成，拆除绝缘遮蔽（隔离）措施，退出带电作业区域，工作结束。

1）斗内电工向工作负责人汇报确认本项工作已完成。

2）斗内电工转移绝缘斗至合适作业位置，按照"从远到近、从上到下、先接地体后带电体"的原则，以及"先中间相、再两边相"的顺序（与遮蔽相反），依次拆除绝缘遮蔽（隔离）用具。

3）检查杆上无遗留物后返回地面，斗内作业工作结束。

3.4.10　绝缘手套作业法（斗臂车作业）带负荷更换柱上开关4

按照 Q/GDW 10520《10kV 配网不停电作业规范》，本项目为第三类、复杂绝缘手套作业法项目，如图 3–28 所示，适用于绝缘手套作业法+桥接施工法+拆除和安装线夹法（斗臂车作业）带负荷更换柱上开关工作，作业原理同断开和搭接引线类项目（不同之处是+旁路回路+硬质紧线器）。生产中务必结合现场实际工况参照适用，并积极推广绝缘杆作业法（短杆作业）在绝缘斗臂车的工作斗或其他绝缘平台如绝缘脚手架上的应用。

下面以图 3–28 所示的单回柱上开关杆（双侧无隔离刀闸，导线三角排列）为例说明其操作步骤：

本项目工作人员可根据现场情况确定，但其主要人员包括：项目总协调人 1 人、带电工作负责人（兼工作监护人）1 人、停电工作负责人（兼工作监护人）1 人、斗内电工 4 名，杆上电工 1 名，地面电工 1 名，停电检修人员若干。

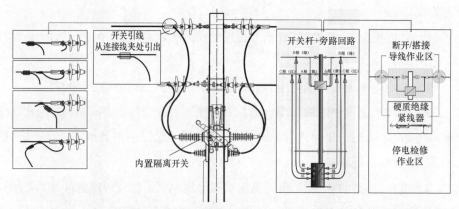

图 3–28　绝缘手套作业法+桥接施工法（斗臂车作业）带负荷更换柱上开关 4

本项目现场作业阶段的操作步骤是：

（1）工作开始，进入带电作业区域，验电，设置绝缘遮蔽（隔离）措施。

1）斗内作业人员穿戴好绝缘防护用具，经工作负责人检查合格后，进入绝缘斗并将安全带保险钩系挂在斗内专用挂钩上，斗内电工操作绝缘斗臂车进入带电作业区域，验电，准备开始现场作业。

2）获得工作负责人许可后，斗内电工调整绝缘斗至合适位置，确认每相负荷电流不超过 200A，检查柱上开关无异常情况，汇报给工作负责人。

3）斗内电工转移绝缘斗至离横担较远的位置，用导线遮蔽罩依次对横担两侧的近边相、中间相和远边导线进行绝缘遮蔽，绝缘遮蔽的范围（包括安装桥接工具和断开主导线）应比作业人员活动范围至少增加 0.4m 以上，遮蔽的顺序是"近边相、中间相和远边相导线"。

（2）安装旁路负荷开关、旁路高压引下电缆和余缆支架。

1）地面电工在电杆合适位置安装好旁路负荷开关和余缆工具，或在工作区域内放置好旁路负荷开关，确认旁路负荷开关处于"分闸"状态，并将开关外壳可靠接地。

2）斗内电工在地面电工的配合下，先将一端安装有快速插拔终端的旁路引下电缆按其相色标记（黄、绿、红）与旁路负荷开关同相位 A（黄）、B（绿）、C（红）可靠连接，多余的旁路引下电缆规范地挂在余缆支架上；确认连接可靠后，再将一端安装有与架空导线连接的引流线夹用绝缘毯可靠遮蔽好，在其合适位置系上长度适宜的起吊绳（防坠绳）。

3）按相同方法将旁路负荷开关另一侧（黄、绿、红）三相旁路引下电缆进行可靠连接。

4）确认旁路负荷开关两侧（黄、绿、红）三相旁路引下电缆相色标记正确连接无误，用绝缘操作杆合上旁路负荷开关进行绝缘检测（绝缘电阻应不小于 500MΩ），检测合格后用放电棒进行充分的放电。

5）断开旁路负荷开关并确认开关处于"分闸"状态并闭锁机构。

6）获得工作负责人许可后，斗内电工确认旁路负荷开关在断开的状态下，按照"远边相、中间相、近边相"的顺序，依次将相色标记为"黄、绿、红"的旁路引下电缆与同相位的高压架空线路 A（黄）、B（绿）、C（红）可靠连接，相序保持一致。

安装的方法是：在地面电工的配合下使用小吊臂将旁路引下电缆吊至导线处，移开对接重合的两根导线遮蔽罩，将旁路引下电缆的引流线夹安装（挂接）到架空导线上，并挂好防坠绳（起吊绳），完成后用遮蔽引流线夹的绝缘毯对导线和引流线夹进行绝缘遮蔽。如导线为绝缘导线，应先剥除导线的绝缘层，再清除连接处导线上的氧化层。

（3）合上旁路负荷开关，旁路回路投入运行（投役）。

1）斗内电工确认三相旁路电缆连接可靠，核相正确无误后，用绝缘操作杆合上旁路负荷开关，旁路回路投入运行（投役），并闭锁机构。

2）斗内电工用电流检测仪逐相测量三相旁路电缆电流，并确认每一相分流的负荷电流应不小于原线路负荷电流的1/3。

3）斗内电工确认旁路回路工作正常，用绝缘操作杆拉开柱上开关使其退出运行。

（4）安装桥接工具，断开主导线。

1）斗内电工确认旁路回路通流正常、柱上开关在断开位置后，转移绝缘斗至离横担较远的位置，硬质绝缘紧线器安装在导线上（开断作业点两侧），并收紧导线、安装后备保护绳，完成后恢复绝缘遮蔽（隔离）措施。

2）斗内电工检查确认硬质绝缘紧线器承力无误后，用绝缘断线剪断开导线并可靠固定，完成后恢复绝缘遮蔽（隔离）措施，包括带电侧导线断头加装导线端头遮蔽罩。

3）按相同方法进行电杆两侧其他两相导线的开断作业，检修区段两侧导线开断工作完成。

（5）按照停电检修方式，断（接）引线，更换柱上开关。

注：带电、停电配合作业的项目，当带电、停电作业工序转换时，应指定现场协调人统一协调带电、停电作业，确认无误后，方可开始工作。

（6）带电恢复主导线搭接。

1）工作负责人确认旁路回路通流正常后，斗内电工相互配合使用导线接续管、液压压接工具分别进行作业点两端主导线的承力接续工作。

2）搭接完毕后，缓慢操作硬质绝缘紧线器使主导线逐渐承力。

3）斗内电工检查确认导线承力无误后，拆除硬质绝缘紧线器及保险绳，恢复导线绝缘遮蔽（隔离）措施。

4）其他两相导线搭接作业按相同方法进行。

5）斗内电工使用电流检测仪逐相测量主导线电流与开关引线电流，确认通流正常，并汇报工作负责人。

（7）断开旁路负荷开关，旁路回路退出运行（退役），拆除旁路回路并充分放电。

1）斗内电工用绝缘操作杆断开旁路负荷开关，旁路回路退出运行（退役），插上闭锁销钉，锁死闭锁机构。

2）斗内电工调整绝缘斗至合适位置，拆除两侧三相旁路引下电缆。

3）三相旁路引下电缆拆除的顺序是"近边相、中间相、远边相"。

4）合上旁路负荷开关，对旁路电缆充分放电后，拉开旁路负荷开关，断开旁路引下电缆与旁路负荷开关的连接，拆除旁路高压引下电缆、余缆工具和旁路负荷开关。

（8）工作完成，拆除绝缘遮蔽（隔离）措施，退出带电作业区域，工作结束。

1）斗内电工向工作负责人汇报确认本项工作已完成。

2）斗内电工转移绝缘斗至导线侧合适作业位置，按照"远边相、中间相、近边相"的顺序（与遮蔽相反），依次拆除绝缘遮蔽（隔离）用具。

3）检查导线上无遗留物后返回地面，斗内作业工作结束。

第4章

旁路作业（转供电）操作技能

4.1 旁路作业检修"架空线路"项目

根据 Q/GDW 10520《10kV 配网不停电作业规范》，本项目为第四类、综合不停电作业法项目，如图 4−1 所示，多专业人员协同完成：带电作业"取电"工作、旁路作业"接入"工作、倒闸操作 "送电"工作、停电作业"更换"工作，执行《配电带电作业工作票》《配电线路第一种工作票》和《配电倒闸操作票》，适用于旁路作业检修架空线路工作，线路负荷电流不大于 200A 的工况。

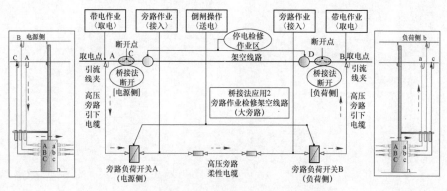

图 4−1 旁路作业检修架空线路示意图

下面以图 4−1 所示的旁路作业检修架空线路工作为例，本项目工作人员分工为：项目总协调人 1 人、带电工作负责人（兼工作监护人）1 人、停电工作负责人（兼工作监护人）1 人、斗内作业人员 4 人、旁路作业人员 4 名、倒闸操作人员（含专责监护人）2 人、地面辅助人员和停电检修人员根据现场工况确定。

本项目现场作业阶段的操作步骤是：

（1）旁路电缆回路"接入"和"取电"工作。

带电作业人员执行《配电带电作业工作票》，旁路作业人员执行《配电线路第一种工作票》。

步骤 1：旁路作业人员安装余缆支架，可靠接地旁路负荷开关。

步骤 2：旁路作业人员展放三相旁路电缆。

步骤 3：旁路作业人员使用快速插拔中间接头，将同相色（黄、绿、红）旁路柔性电缆的快速插拔终端可靠连接，接续好的终端接头放置专用铠装接头保护盒内。

步骤 4：旁路作业人员将三相旁路电缆与旁路负荷开关的同相位 A（黄）、B（绿）、C（红）快速插拔接口可靠连接。

步骤 5：旁路作业人员将三相旁路引下电缆与旁路负荷开关同相位 A（黄）、B（绿）、C（红）快速插拔接口可靠连接，与架空导线连接的引流线夹用绝缘毯遮蔽好，并系上长度适宜的起吊绳（防坠绳）。

步骤 6：运行操作人员依次合上电源侧旁路负荷开关、负荷侧旁路负荷开关，检测旁路电缆回路绝缘电阻不小于 500MΩ，并对三相旁路电缆充分放电。

步骤 7：运行操作人员断开负荷侧旁路负荷开关、电源侧旁路负荷开关，确认"分闸"状态并可靠闭锁。

步骤 8：带电作业人员按照"近边相、中间相、远边相"的顺序，依次完成三相导线的绝缘遮蔽工作。

步骤 9：带电作业人员按照"远边相、中间相、近边相"的顺序，依次完成三相旁路引下电缆与同相位的架空导线 A（黄）、B（绿）、C（红）的"接入"工作。接入后及时恢复绝缘遮蔽，挂好起吊绳（防坠绳）。多余的电缆规范地放置在余缆支架上。

旁路电缆回路"接入"工作结束。

（2）旁路电缆回路投入运行。

运行操作人员执行《配电倒闸操作票》。

步骤 1：合上（电源侧）旁路负荷开关，在（负荷侧）旁路负荷开关处完成核相工作；确认相位无误、相序无误后，断开（电源侧）旁路负荷开关，核相工作结束。

步骤 2：合上电源侧旁路负荷开关、负荷侧旁路负荷开关，检测旁路电缆回路电流，确认旁路电缆回路投入运行。

步骤 3：带电作业人员采用桥接施工法开断导线，待检修线路段退出运行。

旁路电缆回路投入运行工作结束。

（3）带电工作负责人与停电工作负责人办理工作任务交接，执行《配电线路第一种工作票》，按照停电检修作业方式完成架空线路检修工作。

（4）带电作业人员使用导线接续管连接开断导线，恢复待检修线路段接入主线路供电工作。

（5）旁路电缆回路退出运行。

运行操作人员执行《配电倒闸操作票》。

步骤：断开负荷侧旁路负荷开关、电源侧旁路负荷开关，检测旁路电缆回路电流，确认旁路电缆回路退出运行。

旁路电缆回路退出运行工作结束。

（6）拆除旁路引下电缆。

步骤 1：带电作业人员按照"近边相、中间相、远边相"的顺序依次拆除三相高压旁路引下电缆。

步骤 2：带电作业人员按照"远边相、中间相、近边相"的顺序依次拆除三相导线上的绝缘遮蔽用具。

带电作业"拆除"旁路引下电缆工作结束。

（7）拆除旁路电缆回路。

工作完成，旁路作业人员在地面辅助电工的配合下，拆除旁路电缆回路并充分放电。

4.2 旁路作业更换"柱上变压器"项目

按照 Q/GDW 10520《10kV 配网不停电作业规范》，本项目为第四类、综合不停电作业法项目，如图 4－2 所示，多专业人员协同完成：带电作业"取电"工作、旁路作业"接入"工作、倒闸操作"送电"工作、停电作业"更换"工作，执行《配电带电作业工作票》《配电线路第一种工作票》和《配电倒闸操作票》，适用于旁路作业更换 10kV 柱上变压器工作，旁路变压器与柱上变压器满足并联运行条件的工况。

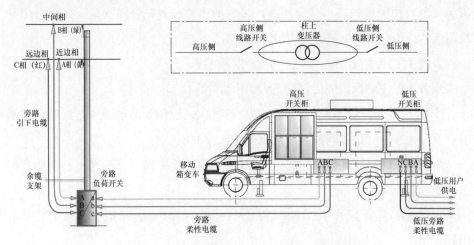

图 4-2　旁路作业更换 10kV 柱上变压器示意图

下面以图 4-2 所示的"旁路作业更换 10kV 柱上变压器工作"为例，本项目工作人员分工为：项目总协调人 1 人、带电工作负责人（兼工作监护人）1人、停电工作负责人（兼工作监护人）1 人、斗内作业人员 2 人、旁路作业人员 2 人、倒闸操作人员（含专责监护人）2 人、地面辅助人员和停电检修人员根据现场工况确定。

本项目现场作业阶段的操作步骤是：

（1）旁路电缆回路"接入"和"取电"工作。

步骤 1：旁路作业人员安装余缆支架。

步骤 2：旁路负荷开关可靠接地。

步骤 3：移动箱变车可靠接地。

步骤 4：旁路作业人员展放 A 相（黄色）旁路电缆。

步骤 5：展放 B 相（绿色）旁路电缆。

步骤 6：展放 C 相（红色）旁路电缆。

步骤 7：旁路作业人员将 A 相（黄色）旁路电缆与旁路负荷开关的 A 相（黄色）快速插拔接口可靠连接。

步骤 8：连接 B 相（绿色）旁路电缆。

步骤 9：连接 C 相（红色）旁路电缆。

步骤 10：旁路作业人员将 A 相（黄色）旁路引下电缆与旁路负荷开关的 A 相（黄色）快速插拔接口可靠连接，多余的电缆放置在余缆支架上，与架空导线连接的引流线夹放置在绝缘毯上面。

步骤 11：连接 B 相（绿色）旁路引下电缆。

步骤 12：连接 C 相（红色）旁路引下电缆。

步骤 13：运行操作人员合上旁路负荷开关，检测旁路电缆回路绝缘电阻不小于 500MΩ，并对三相旁路电缆充分放电。

步骤 14：用绝缘毯将与架空导线连接的引流线夹遮蔽好，系上长度适宜的起吊绳（防坠绳）。

步骤 15：运行操作人员断开旁路负荷开关，确认"分闸"状态并可靠闭锁。

步骤 16：运行操作人员确认移动箱变车的低压柜开关处于断开位置；高压柜的进线开关、出线开关以及变压器开关均处于断开位置并可靠闭锁。

步骤 17：旁路作业人员将 A 相（黄色）旁路电缆与移动箱变车的高压输入端 A 相（黄色）快速插拔接口可靠连接。

步骤 18：连接 B 相（绿色）旁路电缆。

步骤 19：连接 C 相（红色）旁路电缆。

步骤 20：按相同方法接入低压旁路回路。

三相旁路电缆"接入"工作结束。

步骤 21：带电作业人员使用导线遮蔽罩对近边相 A 相导线进行绝缘遮蔽。

步骤 22：使用导线遮蔽罩对中间相导线 B 相导线进行绝缘遮蔽。

步骤 23：使用导线遮蔽罩对远边相导线 C 相导线进行绝缘遮蔽。

步骤 24：带电作业人员将 C 相（红色）旁路引下电缆与架空导线 C 相可靠连接，使用绝缘毯将引流线夹处遮蔽好，并挂好起吊绳（防坠绳）。

步骤 25：接入 B 相（绿色）旁路引下电缆。

步骤 26：接入 A 相（黄色）旁路引下电缆。

三相旁路引下电缆"接入"工作结束。

（2）旁路回路投入运行。

步骤 1：运行操作人员检查确认三相旁路电缆连接"相色"正确无误。

步骤 2：运行操作人员断开柱上变压器的低压侧出线开关、高压跌落式熔断器，待更换的柱上变压器退出运行。

步骤 3：合上旁路负荷开关，旁路电缆回路投入运行。

步骤 4：合上移动箱变车的高压进线开关、变压器开关、低压开关，移动箱变车投入运行。

步骤 5：每隔半小时检测 1 次旁路电缆回路电流，确认移动箱变供电工作正常。

（3）更换柱上变压器。

带电工作负责人与停电工作负责人办理工作任务交接，执行《配电线路第一种工作票》，停电作业完成柱上变压器更换工作。

（4）旁路回路退出运行。

步骤 1：运行操作人员断开移动箱变车的低压开关、高压开关，移动箱变车退出运行。

步骤 2：断开旁路负荷开关，旁路电缆回路退出运行。

步骤 3：确认相序连接无误，依次合上柱上变压器的高压跌落式熔断器、低压侧出线开关，新更换的变压器投入运行，检测电流确认运行正常，柱上变压器更换工作结束。

（5）拆除旁路引下电缆。

步骤 1：带电作业人员拆除 C 相（红色）旁路引下电缆。

步骤 2：拆除 B 相（绿色）旁路引下电缆。

步骤 3：拆除 A 相（黄色）旁路引下电缆。

步骤 4：按相同方法断开低压线路旁路电缆。

步骤 5：带电作业人员拆除 C 相（红色）导线上的绝缘遮蔽用具。

步骤 6：拆除 B 相（绿色）导线上的绝缘遮蔽用具。

步骤 7：拆除 A 相（黄色）导线上的绝缘遮蔽用具。

拆除三相旁路引下电缆工作结束。

（6）拆除旁路电缆回路。

工作完成，旁路作业人员在地面辅助电工的配合下，拆除旁路电缆回路并充分放电。

4.3 旁路作业检修"电缆线路"项目

根据 Q/GDW 10520《10kV 配网不停电作业规范》，本项目为第四类、综合不停电作业项目，如图 4-3 所示，多专业人员协同完成：旁路作业"接入"工作、倒闸操作 "送电"工作，执行《配电线路第一种工作票》和《配电倒闸操作票》，适用于旁路作业检修电缆线路工作，线路负荷电流不大于 200A 的工况。

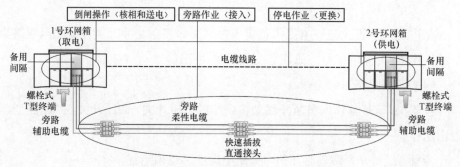

图 4-3 旁路作业检修电缆线路示意图

下面以图 4-3 所示的"旁路作业检修电缆线路工作"为例，本项目工作人员分工为：项目总协调人 1 人，电缆工作负责人（兼工作监护人）1 人、旁路作业人员 2 名，倒闸操作人员（含专责监护人）2 人，地面辅助人员和停电检修人员根据现场工况确定。

本项目现场作业阶段的操作步骤是：

（1）旁路作业"接入"工作。

执行《配电线路第一种工作票》。

步骤 1：旁路作业人员展放三相旁路电缆。

步骤 2：旁路作业人员使用快速插拔中间接头，将同相色（黄、绿、红）旁路柔性电缆的快速插拔终端可靠连接，接续好的终端接头放置专用铠装接头保护盒内，与取（供）电环网箱备用间隔连接的螺栓式（T 型）终端接头规范地放置在绝缘毯上。

步骤 3：运行操作人员检测旁路电缆回路绝缘电阻不小于 500MΩ，并对三相旁路电缆充分放电。

步骤 4：运行操作人员确认取（供）电环网箱的备用间隔开关处于断开位置。

步骤 5：旁路作业人员对取（供）电环网箱进线间隔进行验电，确认无电后，逐相将螺栓式（T 型）终端与取（供）电环网箱备用间隔上的同相位 A（黄）、B（绿）、C（红）高压输入端螺栓接口可靠连接，并将旁路柔性电缆的屏蔽层可靠接地。

三相旁路电缆回路"接入"工作结束。

（2）倒闸操作"核相"工作。

运行操作人员执行《配电倒闸操作票》。

步骤 1：合上"取电"环网箱备用间隔开关，使用万用表在"供电"环网箱备用间隔处"核相"。

步骤 2：确认相位无误后，断开取电环网箱备用间隔开关，核相工作结束。

（3）倒闸操作"送电"工作。

运行操作人员执行《配电倒闸操作票》。

步骤 1：按照"先送电源侧，后送负荷侧"的顺序，合上取电环网箱备用间隔开关、供电环网箱备用间隔开关，旁路回路投入运行。

步骤 2：检测确认旁路回路通流正常后，按照"先断负荷侧，后断电源侧"的顺序，依次断开供电环网箱"进线"间隔开关、取电环网箱"出线"间隔开关，待检修电缆线路段退出运行，旁路回路"供电"工作开始。

步骤 3：每隔半小时检测 1 次旁路回路电流监视其运行情况。

（4）停电作业"检修"工作。

电缆工作负责人与停电工作负责人办理工作任务交接，执行《配电线路第一种工作票》，按照停电检修作业方式完成电缆线路检修和接入两侧环网箱工作。

（5）倒闸操作"送电"工作。

运行操作人员执行《配电倒闸操作票》。

步骤：按照"先送电源侧，后送负荷侧"的顺序，合上取电环网箱"出线"间隔开关、供电环网箱"进线"间隔开关，检修后的电缆线路投入运行，检测电流确认已检修的电缆线路通流正常，电缆线路恢复送电工作结束。

（6）倒闸操作"退出"工作。

运行操作人员执行《配电倒闸操作票》。

步骤：检测确认电缆线路通流正常后，按照"先断负荷侧，后断电源侧"的顺序，断开供电环网箱备用间隔开关、取电环网箱备用间隔开关，旁路电缆回路退出运行。

（7）旁路作业"拆除"工作。

工作完成，旁路作业人员在地面辅助电工的配合下，拆除旁路电缆回路并充分放电。

4.4 旁路作业检修"环网箱"项目

根据 Q/GDW 10520《10kV 配网不停电作业规范》，本项目为第四类、综合不停电作业项目，如图 4-4 所示，多专业人员协同完成：旁路作业"接入"工作、倒闸操作 "送电"工作、停电作业"检修"工作，执行《配电线路第一种工作票》和《配电倒闸操作票》，适用于旁路作业检修环网箱工作，线路负荷电流不大于 200A 的工况。

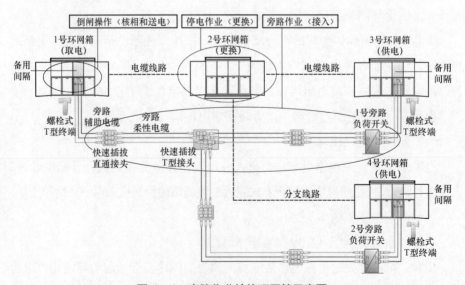

图 4-4 旁路作业检修环网箱示意图

下面以图 4-4 所示的"旁路作业检修环网箱工作"为例，本项目工作人员分工为：项目总协调人 1 人，电缆工作负责人（兼工作监护人）1 人、停电工作负责人（兼工作监护人）1 人、旁路作业人员 4 名，倒闸操作人员（含专责监护人）2 人，地面辅助人员和电缆检修人员根据现场工况确定。

本项目现场作业阶段的操作步骤是：

（1）旁路作业"接入"工作。

执行《配电线路第一种工作票》。

步骤 1：旁路作业人员展放三相旁路电缆，放置 1 号和 2 号旁路负荷开关，并置于"分闸"状态、可靠闭锁和可靠接地。

步骤 2：旁路作业人员将同相色（黄、绿、红）旁路柔性电缆的快速插拔终端可靠连接，以及与 1 号和 2 号旁路负荷开关的连接，接续好的终端接头放置在专用铠装接头保护盒内，与取（供）电环网箱备用间隔连接的螺栓式（T 型）终端接头规范地放置在绝缘毯上。

步骤 3：运行操作人员合上旁路负荷开关，检测旁路电缆回路绝缘电阻不小于 500MΩ，检测完毕后对三相旁路电缆充分放电，断开旁路负荷开关并置于"分闸"状态、可靠闭锁。

步骤 4：运行操作人员确认取（供）电环网箱的备用间隔开关均处于断开位置。

步骤 5：旁路作业人员对取（供）电环网箱进线间隔分别进行验电，确认无电后，逐相将螺栓式（T 型）终端与取（供）电环网箱备用间隔上的同相位 A（黄）、B（绿）、C（红）高压输入端螺栓接口可靠连接，并将旁路柔性电缆的屏蔽层可靠接地。

三相旁路电缆回路"接入"工作结束。

（2）倒闸操作"核相"工作。

运行操作人员执行《配电倒闸操作票》。

步骤 1：确认 1 号和 2 号旁路负荷开关处于"分闸"状态并可靠闭锁后，合上 1 号环网箱备用间隔开关和 3 号环网箱与 4 号（分支）环网箱的备用间隔开关。

步骤 2：在旁路负荷开关两侧进行"核相"工作。

步骤 3：确认相位正确无误后，断开 1 号环网箱备用间隔开关和 3 号环网箱与 4 号（分支）环网箱的备用间隔开关，核相工作结束。

（3）倒闸操作"送电"工作。

运行操作人员执行《配电倒闸操作票》。

步骤 1：按照"先送电源侧，后送负荷侧"的顺序，合上 1 号环网箱备用间隔开关、1 号旁路负荷开关、3 号环网箱，1 号环网箱与 3 号环网箱间的"旁路电缆回路"投入运行。

步骤 2：合上分支侧 2 号旁路负荷开关、4 号（分支）环网箱备用间隔开关，给 4 号（分支）环网箱送电的"分支旁路电缆回路"投入运行。

步骤 3：检测确认旁路回路及分支旁路通流正常后，按照"先断负荷侧，后断电源侧"的顺序：

1）断开 3 号环网箱和 4 号（分支）环网箱（电源）进线间隔开关。

2）断开待更换 2 号环网箱上（电源）进线间隔开关、给 3 号环网箱和 4 号（分支）环网箱送电的进线间隔开关。

3）断开 1 号环网箱上给待更换 2 号环网箱送电的进线间隔开关，待更换 2 号环网箱退出运行，旁路电缆回路及分支旁路电路回路给 3 号环网箱和 4 号（分支）环网箱"供电"工作开始。

步骤 4：每隔半小时检测 1 次旁路回路电流，确认供电回路工作正常。

（4）停电作业"检修"工作。

带电工作负责人与电缆工作负责人办理工作任务交接，执行《配电线路第一种工作票》，按照停电检修作业方式完成环网箱检修和原电缆线路接入两侧环网箱工作。

（5）倒闸操作"送电"工作。

运行操作人员执行《配电倒闸操作票》，按照"先送电源侧，后送负荷侧"的顺序进行以下步骤。

步骤 1：合上 1 号环网箱上给 2 号（新）环网箱送电的进线间隔开关。

步骤 2：合上 2 号（新）环网箱上（电源）进线间隔开关以及给 3 号环网箱和 4 号（分支）环网箱送电的进线间隔开关。

步骤 3：合上 3 号环网箱和 4 号（分支）环网箱（电源）进线间隔开关，2

号（新）环网箱投入运行工作结束。

（6）倒闸操作"退出"工作。

运行操作人员检测确认电缆线路通流正常后，执行《配电倒闸操作票》，按照"先断负荷侧，后断电源侧"的顺序进行以下步骤。

步骤 1：断开 4 号（分支）环网箱备用间隔开关。

步骤 2：断开 2 号旁路负荷开关。

步骤 3：断开 3 号环网箱备用间隔开关。

步骤 4：断开 1 号旁路负荷开关。

步骤 5：断开 1 号环网箱备用间隔开关，旁路电缆回路及分支旁路退出运行，旁路回路供电工作结束。

（7）旁路作业"拆除"工作。

工作完成，旁路作业人员在地面辅助电工的配合下，拆除旁路电缆回路并充分放电。

第 5 章

临时取电（保供电）操作技能

5.1 从架空线路临时取电给移动箱变供电

根据 Q/GDW 10520《10kV 配网不停电作业规范》，本项目为第四类、综合不停电作业项目，如图 5-1 所示，多专业人员协同完成：带电作业"取电"工作、旁路作业"接入"工作、倒闸操作"送电"工作，执行《配电带电作业工作票》和《配电倒闸操作票》，适用于从架空线路临时取电给移动箱变供电工作，线路负荷电流不大于 200A 的工况。

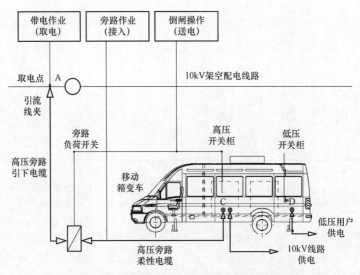

图 5-1 从架空线路临时取电给移动箱变供电示意图

下面以图 5-1 所示的"从架空线路临时取电给移动箱变供电工作"为例，本项目工作人员分工为：项目总协调人 1 人、带电工作负责人（兼工作监护人）1 人、斗内作业人员 2 人、旁路作业人员 2 人、倒闸操作人员（含专责监护人）2 人，地面辅助人员根据现场工况确定。

本项目现场作业阶段的操作步骤是：

（1）旁路电缆回路"接入"和"取电"工作。

执行《配电带电作业工作票》。

步骤 1：旁路作业人员安装余缆支架，使用接地线将旁路负荷开关、移动箱变车可靠接地。

步骤 2：旁路作业人员展放三相旁路电缆。

步骤 3：旁路作业人员将三相旁路电缆与旁路负荷开关的同相位 A（黄）、B（绿）、C（红）快速插拔接口可靠连接。

步骤 4：旁路作业人员将三相旁路引下电缆与旁路负荷开关同相位 A（黄）、B（绿）、C（红）快速插拔接口可靠连接，与架空导线连接的引流线夹用绝缘毯遮蔽好，并系上长度适宜的起吊绳（防坠绳）。

步骤 5：运行操作人员合上旁路负荷开关，检测旁路电缆回路绝缘电阻不小于 500MΩ，并对三相旁路电缆充分放电。

步骤 6：运行操作人员断开旁路负荷开关，确认"分闸"状态并可靠闭锁；确认移动箱变车的低压柜开关处于断开位置；高压柜的进线开关、出线开关以及变压器开关均处于断开位置并可靠闭锁。

步骤 7：旁路作业人员将三相旁路电缆与移动箱变车的同相位高压输入端 A（黄）、B（绿）、C（红）快速插拔接口可靠连接。按相同方法接入低压旁路回路。

三相旁路电缆"接入"工作结束。

步骤 8：带电作业人员按照近边相、中间相、远边相的顺序，依次完成三相导线的绝缘遮蔽工作。

步骤 9：带电作业人员按照远边相、中间相、近边相的顺序，依次完成三相旁路引下电缆与同相位的架空导线 A（黄）、B（绿）、C（红）的"接入"工作。接入后及时恢复绝缘遮蔽，挂好起吊绳（防坠绳）。多余的电缆规范地放置在余缆支架上。

旁路引下电缆的"接入"工作结束。

（2）旁路回路投入运行。

运行操作人员执行《配电倒闸操作票》。

步骤1：合上旁路负荷开关，旁路电缆回路投入运行。

步骤2：合上移动箱变车的高压进线开关、变压器开关、低压开关，移动箱变车投入运行。

步骤3：每隔半小时检测1次旁路回路电流，确认移动箱变供电工作正常。

（3）旁路回路退出运行。

运行操作人员执行《配电倒闸操作票》。

步骤1：断开移动箱变车的低压开关、高压开关，移动箱变车退出运行。

步骤2：断开旁路负荷开关，旁路电缆回路退出运行。

（4）拆除旁路引下电缆。

步骤1：带电作业人员按照"近边相、中间相、远边相"的顺序依次拆除三相高压旁路引下电缆。

按相同方法断开低压线路旁路电缆。

步骤2：带电作业人员按照"远边相、中间相、近边相"的顺序依次拆除三相导线上的绝缘遮蔽用具。

拆除旁路引下电缆工作结束。

（5）拆除旁路电缆回路并充分放电。

工作完成，旁路作业人员在地面辅助电工的配合下，拆除高（低）压旁路电缆回路并充分放电。

5.2 从架空线路临时取电给环网箱供电

根据 Q/GDW 10520《10kV 配网不停电作业规范》，本项目为第四类、综合不停电作业项目，从架空线路临时取电给环网箱供电示意图如图 5-2 所示，多专业人员协同完成：带电作业"取电"工作、旁路作业"接入"工作、倒闸操作"送电"工作，执行《配电带电作业工作票》和《配电倒闸操作票》，适用于从架空线路临时取电给环网箱供电工作，线路负荷电流不大于 200A 的工况。

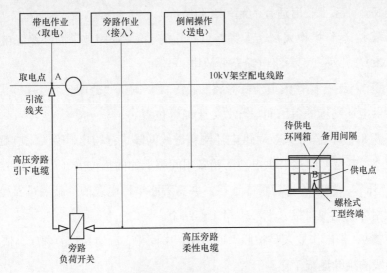

图 5-2　从架空线路临时取电给环网箱供电示意图

下面以图 5-2 所示的从架空线路临时取电给环网箱供电工作为例，本项目工作人员分工为：项目总协调人 1 人、带电工作负责人（兼工作监护人）1 人、斗内作业人员 2 人、旁路作业人员 2 人、倒闸操作人员（含专责监护人）2 人、地面辅助人员根据现场工况确定人数。

本项目现场作业阶段的操作步骤是：

（1）旁路电缆回路"接入"和"取电"工作。

执行《配电带电作业工作票》。

步骤 1：旁路作业人员安装余缆支架，可靠接地旁路负荷开关。

步骤 2：旁路作业人员展放三相旁路电缆。

步骤 3：旁路作业人员使用快速插拔中间接头，将同相色（黄、绿、红）旁路柔性电缆的快速插拔终端可靠连接，接续好的终端接头放置专用铠装接头保护盒内，与供电环网箱备用间隔连接的螺栓式（T 型）终端接头规范地放置在绝缘毯上。

步骤 4：旁路作业人员将三相旁路电缆与旁路负荷开关的同相位 A（黄）、B（绿）、C（红）快速插拔接口可靠连接。

步骤 5：旁路作业人员将三相旁路引下电缆与旁路负荷开关同相位 A（黄）、

B（绿）、C（红）快速插拔接口可靠连接，与架空导线连接的引流线夹用绝缘毯遮蔽好，并系上长度适宜的起吊（防坠绳）。

步骤 6：运行操作人员合上旁路负荷开关，检测旁路电缆回路绝缘电阻不小于 500MΩ，并对三相旁路电缆充分放电。

步骤 7：运行操作人员断开旁路负荷开关，确认"分闸"状态并可靠闭锁；确认待供电坏网箱的备用间隔开关处于断开位置。

步骤 8：旁路作业人员对供电环网箱进线间隔进行验电，确认无电后，逐相将螺栓式（T 型）终端与供电环网箱备用间隔上的同相位 A（黄）、B（绿）、C（红）高压输入端螺栓接口可靠连接，并将旁路柔性电缆的屏蔽层可靠接地。

三相旁路电缆"接入"环网箱工作结束。

步骤 9：带电作业人员按照"近边相、中间相、远边相"的顺序，依次完成三相导线的绝缘遮蔽工作。

步骤 10：带电作业人员按照"远边相、中间相、近边相"的顺序，依次完成三相旁路引下电缆与同相位的架空导线 A（黄）、B（绿）、C（红）的"接入"工作。接入后及时恢复绝缘遮蔽，挂好防坠（起吊绳）。多余的电缆规范地放置在余缆支架上。

旁路引下电缆的"接入"工作结束。

（2）旁路回路投入运行。

运行操作人员执行《配电倒闸操作票》。

步骤 1：合上旁路负荷开关、供电环网箱备用间隔开关，旁路电缆回路投入运行。

步骤 2：每隔半小时检测 1 次旁路回路电流，确认供电环网箱工作正常。

（3）旁路回路退出运行。

运行操作人员执行《配电倒闸操作票》。

步骤：运行操作人员断开待供电环网箱备用间隔开关、旁路负荷开关，旁路电缆回路退出运行。

（4）拆除旁路引下电缆。

步骤 1：带电作业人员按照"近边相、中间相、远边相"的顺序依次拆除三相高压旁路引下电缆。

步骤 2：带电作业人员按照"远边相、中间相、近边相"的顺序依次拆除三相导线上的绝缘遮蔽用具。

拆除旁路引下电缆工作结束。

（5）拆除旁路电缆回路并充分放电。

工作完成，旁路作业人员在地面辅助电工的配合下，拆除旁路电缆回路并充分放电。

5.3　从环网箱临时取电给移动箱变供电

根据 Q/GDW 10520《10kV 配网不停电作业规范》，本项目为第四类、综合不停电作业项目，如图 5-3 所示，多专业人员协同完成旁路作业"接入"工作、倒闸操作"送电"工作，执行《配电线路第一种工作票》和《配电倒闸操作票》，适用于从环网箱临时取电给移动箱变供电工作，线路负荷电流不大于 200A 的工况。

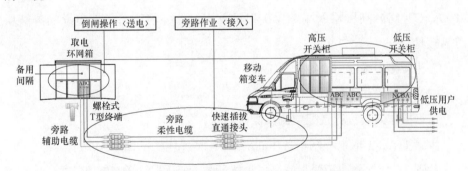

图 5-3　从环网箱临时取电给移动箱变供电示意图

下面以图 5-3 所示的"从环网箱临时取电给移动箱变供电工作"为例，本项目工作人员分工为：项目总协调人 1 人、电缆工作负责人（兼工作监护人）1 人、旁路作业人员 2 人、倒闸操作人员（含专责监护人）2 人，地面辅助人员根据现场工况确定。

本项目现场作业阶段的操作步骤是：

（1）旁路作业"接入"工作。

旁路作业人员执行《配电线路第一种工作票》。

步骤 1：旁路作业人员展放三相旁路电缆。

步骤 2：旁路作业人员使用快速插拔中间接头，将同相色（黄、绿、红）旁路柔性电缆的快速插拔终端可靠连接，接续好的终端接头放置专用铠装接头保护盒内，与取电环网箱备用间隔连接的螺栓式（T 型）终端接头和与移动箱变车连接的插拔终端规范地放置在绝缘毯上。

步骤 3：运行操作人员检测旁路电缆回路绝缘电阻不小于 500MΩ，并对三相旁路电缆充分放电。

步骤 4：运行操作人员检查确认移动箱变车的低压柜开关处于断开位置；高压柜的进线开关、出线开关以及变压器开关均处于断开位置。

步骤 5：旁路作业人员将三相旁路电缆与移动箱变车的同相位高压输入端 A（黄）、B（绿）、C（红）快速插拔接口可靠连接。

按相同方法接入低压旁路回路。

步骤 6：旁路作业人员对取电环网箱备用间隔进行验电，确认无电后，逐相将螺栓式（T 型）终端与取电环网箱备用间隔上的同相位 A（黄）、B（绿）、C（红）高压输入端螺栓接口可靠连接，并将旁路柔性电缆的屏蔽层可靠接地。

三相旁路电缆回路"接入"工作结束。

（2）倒闸操作"送电"工作。

运行操作人员执行《配电倒闸操作票》。

步骤 1：合上取电环网箱备用间隔开关，旁路电缆回路投入运行。

步骤 2：合上移动箱变车的高压进线开关、变压器开关、低压开关，移动箱变车投入运行。

步骤 3：每隔半小时检测 1 次旁路回路电流，确认移动箱变供电工作正常。

（3）倒闸操作"退出"工作。

运行操作人员执行《配电倒闸操作票》。

步骤 1：断开移动箱变车的低压开关、高压开关，移动箱变车退出运行。

步骤 2：断开取电环网箱备用间隔开关，旁路电缆回路退出运行，移动箱变供电工作结束。

（4）旁路作业"拆除"工作。

工作完成，旁路作业人员在地面辅助电工的配合下，拆除旁路电缆回路并充分放电。

5.4　从环网箱临时取电给环网箱供电

根据 Q/GDW 10520《10kV 配网不停电作业规范》，本项目为第四类、综合不停电作业项目，如图 5－4 所示，多专业人员协同完成：旁路作业"接入"工作、倒闸操作"送电"工作，执行《配电线路第一种工作票》和《配电倒闸操作票》，适用于从环网箱临时取电给环网箱供电工作，线路负荷电流不大于 200A 的工况。

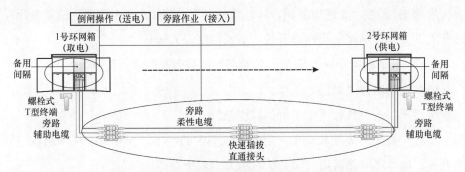

图 5－4　从环网箱临时取电给环网箱供电示意图

下面以图 5－4 所示的"从环网箱临时取电给环网箱供电工作"为例，本项目工作人员分工为：项目总协调人 1 人、电缆工作负责人（兼工作监护人）1 人、旁路作业人员 2 人、倒闸操作人员（含专责监护人）2 人，地面辅助人员根据现场工况确定。

本项目现场作业阶段的操作步骤是：

（1）旁路作业"接入"工作。

执行《配电线路第一种工作票》。

步骤 1：旁路作业人员展放三相旁路电缆。

步骤 2：旁路作业人员使用快速插拔中间接头，将同相色（黄、绿、红）旁路柔性电缆的快速插拔终端可靠连接，接续好的终端接头放置专用铠装接头保护盒内，与取电环网箱备用间隔连接的螺栓式（T 型）终端接头规范地放置在绝缘毯上。

步骤 3：运行操作人员检测旁路电缆回路绝缘电阻不小于 500MΩ，并对三相旁路电缆充分放电。

步骤 4：旁路作业人员对取（供）电环网箱备用间隔进行验电，确认无电后，逐相将螺栓式（T 型）终端与取（供）电环网箱备用间隔上的同相位 A（黄）、B（绿）、C（红）高压输入端螺栓接口可靠连接，并将旁路柔性电缆的屏蔽层可靠接地。

三相旁路电缆"接入"工作结束。

（2）倒闸操作"送电"工作。

运行操作人员执行《配电倒闸操作票》。

步骤 1：按照"先送电源侧，后送负荷侧"的顺序，合上取电环网箱备用间隔开关、供电环网箱备用间隔开关，旁路回路投入运行。

步骤 2：每隔半小时检测 1 次旁路回路电流监视其运行情况。

（3）倒闸操作"退出"工作。

运行操作人员执行《配电倒闸操作票》。

步骤：按照"先断负荷侧，后断电源侧"的顺序，断开供电环网箱备用间隔开关、取电环网箱备用间隔开关，旁路电缆回路退出运行。

（4）旁路作业"拆除"工作。

工作完成，旁路作业人员在地面辅助电工的配合下，拆除旁路电缆回路并充分放电。

参 考 文 献

[1] 国家电网公司配网不停电作业（河南）实训基地．10kV 配网不停电作业专项技能提升培训教材［M］．北京：中国电力出版社，2018．

[2] 国家电网公司配网不停电作业（河南）实训基地．10kV 配网不停电作业专项技能提升培训题库［M］．北京：中国电力出版社，2018．

[3] 国家电网公司运维检修部．10kV 配网不停电作业规范［M］．北京：中国电力出版社，2016．

[4] 国网河南省电力公司配电带电作业实训基地．配电线路带电作业标准化作业指导（第二版）［M］．北京：中国电力出版社，2016．

[5] 国网河南省电力公司配电带电作业培训基地．配电线路带电作业知识读本（第二版）［M］．北京：中国电力出版社，2016．

[6] 国网河南省电力公司配电带电作业实训基地．配网不停电作业资质培训题库［M］．北京：中国电力出版社，2014．

[7] 国网河南省电力公司配电带电作业实训基地．10kV 电缆线路不停电作业培训读本［M］．北京：中国电力出版社，2014．

[8] 国家电网公司运维检修部．10kV 电缆线路不停电作业培训教材［M］．北京：中国电力出版社，2013．

[9] 国家电网公司．带电作业操作方法：配电线路（第 2 分册）［M］．北京：中国电力出版社，2011．

[10] 国家电网公司人力资源部．配电线路带电作业［M］．北京：中国电力出版社，2010．

[11] 国家电网公司人力资源部．带电作业基础知识［M］．北京：中国电力出版社，2010．

[12] 国家电网公司．国家电网公司配电网工程典型设计 10kV 架空线路分册．北京：中国电力出版社，2016．

[13] 国家电网公司．国家电网公司配电网工程典型设计 10kV 配电变台分册．北京：中国电力出版社，2016．